Wilfried Hanke
Vergleichende Wirkstoffphysiologie der Tiere

Grundbegriffe der modernen Biologie

Band 9

Bisher erschienen:

Band 1 · P. H. Klopfer · Ökologie und Verhalten

Band 2 · G. L. Stebbins · Evolutionsprozesse

Band 3 · G. Tembrock · Grundriß der Verhaltenswissenschaften

Band 4 · E. Günther · Grundriß der Genetik

Band 5 · J. W. Harms · A. Lieber · Zoobiologie

Band 6 · F. Ankel · Einführung in die Primatenkunde

Band 8 · G. Starke · P. Hlinak · Grundriß der Allgemeinen Virologie

Vergleichende Wirkstoffphysiologie der Tiere

Von Dr. rer. nat. Wilfried Hanke
o. Professor am Zoologischen Institut der Universität Karlsruhe

Mit 50 Abbildungen und 13 Tabellen

GUSTAV FISCHER VERLAG STUTTGART · 1973

Anschrift des Verfassers:

Professor Dr. rer. nat. Wilfried Hanke

Zoologisches Institut der Universität Frankfurt am Main

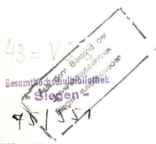

ISBN 3-437-20104-2
Ausgabe in der Bundesrepublik Deutschland
Alle Rechte vorbehalten
Copyright 1973 by VEB Gustav Fischer Verlag, Jena, DDR
Satz und Druck: VEB Broschurendruck Leipzig, DDR

Zum Geleit

Wenn heute von der großen Bedeutung gesprochen wird, die die Erkenntnisse der Biologie für die Menschheit und ihre künftige Entwicklung haben, so denkt man häufig an Molekularbiologie, vielleicht noch an Ökologie und Landeskultur. Die Molekularbiologie entwickelt sich in einem solchen Tempo, daß einzelne Ergebnisse zuerst in Tageszeitungen publiziert worden sind, um die Priorität einer Entdeckung effektvoll zu demonstrieren.

Diese Entwicklung der Biologie nahm ihren Ausgangspunkt von der Physiologie, aus der sich eine Reihe neuer, heute selbständiger Spezialdisziplinen differenzierten. Einen entscheidenden Fortschritt brachte die in den letzten Jahrzehnten immer breiter betriebene Zusammenarbeit von Biologen, Medizinern, Agrarwissenschaftlern mit Chemikern, Physikern, Mathematikern und Kybernetikern. Je nachdrücklicher man eine weitere Verstärkung der interdisziplinären Zusammenarbeit fördern muß, um so verantwortungsbewußter sollte man aber auch über die mit ihr zusammenhängenden Probleme nachdenken. Es geht dabei um mehr als um Verständnisschwierigkeiten.

Die Biologie läuft heute Gefahr, in einzelnen Gebieten in eine fast modische Exklusivität zu geraten. Die innere Logik einer einzelnen Spezialwissenschaft führt für sich allein nicht weiter. Es ist notwendig, die speziellen Kenntnisse immer wieder in den biologischen Gesamtzusammenhang einzuordnen und Wechselbeziehungen deutlich zu machen. Nur so kann ein überschauendes Problembewußtsein entstehen, nur so können Disproportionen erkannt und vermieden werden.

Das gilt zunächst für die Grundlagenforschung, aber in einem weiteren Sinne auch für die angewandten Zweige der Biologie. Wo immer wir in Medizin, Landwirtschaft oder Industrie in lebende Organismen eingreifen, ist es das Gesamtsystem, das reagiert und über Erfolg oder Mißerfolg unseres Tuns entscheidet.

In dieser Situation ist die bewußte Pflege einer modernen Physiologie notwendiger als je zuvor. Die Physiologie hat nicht nur eine Vielzahl von Spezialdisziplinen geboren. In ihren Wissensfundus kehren Ergebnisse dieser Disziplinen zurück und werden in einen größeren biologischen Zusammenhang gebracht.

Eberhard Müller, Halle/S.

Vorwort

Die vergleichende Physiologie der Wirkstoffe, d. h. die Untersuchung der durch Stoffe hervorgerufenen Regulations- und Korrelationsreaktionen, ist ein wichtiger Teil der vergleichenden Physiologie der Tiere. Sie vergleicht Reaktionen zwischen verschiedenen Tiergruppen oder zwischen Individuen einer Tiergruppe, die unterschiedlichen Einflüssen (Umwelteinflüsse, Reaktionslagen des inneren Milieus etc.) unterliegen. Daneben untersucht sie Wirkungsmechanismen und stellt stammesgeschichtliche Zusammenhänge heraus.

Auf diesem Gebiet wurden besonders in den letzten Jahren umfangreiche Erkenntnisse erarbeitet. An den Fortschritten sind weitere Disziplinen neben der Zoophysiologie beteiligt, wie Biochemie, Medizin, Pharmakologie u. a. Daher sind die in diesem Buch dargelegten Befunde auch für die Nachbarwissenschaften von großer Bedeutung.

Es würde den Rahmen eines Buches weit sprengen, wären alle Wirkstoffe im weitesten Sinne hier behandelt. Nur eine umfangreiche Einleitung soll einen Überblick verschaffen. Der Hauptteil des Buches geht vor allem auf Hormone und in geringerem Ausmaß auf Vitamine ein. Die übrigen Wirkstoffe werden nicht ausführlicher behandelt.

Das vorliegende Buch setzt die einfache Kenntnis der Hormondrüsen und der allgemeinen Wirkungen der Hormone weitgehend voraus. Es will Zusammenhänge und Systembeziehungen aufzeigen und ist deshalb nicht nach den Hormondrüsen oder deren Hormonen gegliedert. Dies mag dem Anfänger die Lektüre erschweren. Die angegebene Literatur hilft sicher über diese Schwierigkeit hinweg. Es sei gestattet darauf hinzuweisen, daß eine für den Anfänger geschriebene Einführung vom Autor in deutscher Sprache vorliegt („Hormone", Sammlung Göschen, Walter de Gruyter, Berlin, 1969).

Die Darstellung nach den Funktionskreisen soll dazu anregen, die Wechselbeziehungen zwischen Hormonen, Vitaminen, Nervensystem, innerem und äußerem Milieu zu bedenken. Dies dürfte auch dem Nachbarwissenschaftler, z. B. dem Nervenphysiologen, Ökologen, vor allem auch dem Mediziner, Anregungen liefern, die für die eigene Arbeit wichtig sind.

Die Ergebnisse, die dargestellt werden, verändern sich fortwährend. Mancher Fachkollege wird vielleicht einige Tatsachen schon wieder ergänzenswert finden, wenn das Buch erscheint. Diese Gefahr besteht immer, wenn man sich bemüht, gerade publizierte Ergebnisse zu verwenden, letztlich aber doch das ganze Gebiet nicht gleich gut überschauen kann. Hinweise auf wünschenswerte Veränderungen werden dankbar angenommen. Für die Anfertigung der Abb. 1, 2, 3, 4, 5, 26 und 27 habe ich Herrn W. KUSCHE, Frankfurt, für die der Abb. 6—16, 18, 19, 21—25, 28—35, 38, 39, 41, 43—45, 47—50 Herrn B. JUCHNIEWICZ, wissenschaftlicher Zeichner am Zoologischen Institut, Frankfurt, zu danken. Herr Dr. F. W. PEHLEMANN stellte die Vorlagen für die Abb. 37b zur Verfügung. Fräulein U. NEUMANN las Manuskript und Korrekturen. Ihr sei für Hinweise gedankt.

Einige Abkürzungen wurden entsprechend den Gepflogenheiten der biochemischen Fachliteratur angewandt. Zu ihrer Erklärung sei auf solche Fachbücher verwiesen. Ebenso wurden Formeln von Hormonen und Vitaminen nicht generell angegeben. Sie können nachgelesen werden z. B. in KARLSON, P., Kurzes Lehrbuch der Biochemie, Thieme, Stuttgart 1972, oder PENZLIN, H., Kurzes Lehrbuch der Tierphysiologie, VEB Gustav Fischer Verlag, Jena 1971.

Frankfurt a. M., September 1971   W. HANKE

Inhaltsverzeichnis

1. **Allgemeines, Einteilung, Definitionen etc.** 9
2. **Einteilung der Wirkstoffe und kurze Beschreibung** 13
   2.1. Diffusions-Aktivatoren 13
   2.2. Hormone 18
   2.3. Pheromone 27
   2.4. Vitamine 36
   2.5. Vitaminoide 43
   2.6. Tierische Gifte 43
3. **Die Funktion der Wirkstoffe** 49
   3.1. Einflüsse auf Morphologie und Histophysiologie der Organe . 49
   3.1.1. Wachstum und Regeneration 49
   3.1.2. Entwicklung und Metamorphose 51
   3.1.3. Häutung 66
   3.1.4. Gonadenentwicklung, Ausbildung sekundärer Geschlechtsmerkmale und Gametogenese 72
   3.1.4.1. Gonadenaktivität und -entwicklung bei Wirbellosen ... 73
   3.1.4.2. Gonadenaktivität und -entwicklung bei Wirbeltieren ... 78
   3.2. Einflüsse auf Funktionsabläufe 91
   3.2.1. Energiestoffwechsel der Tiere 92
   3.2.1.1. Regulation bei wirbellosen Tieren 92
   3.2.1.2. Regulation bei Wirbeltieren 94
   3.2.2. Verdauung und Bewegung innerer Organe 101
   3.2.3. Osmomineralhaushalt und Exkretion 103
   3.2.3.1. Regulation bei wirbellosen Tieren 103
   3.2.3.2. Regulation bei Wirbeltieren 106
   3.2.4. Farbwechsel 115
   3.2.5. Neuroendokrinologie (Korrelation und Kontrolle im Organismus durch Neurohumoralismus und Neurosekretion) 122
   3.2.5.1. Allgemeine Besprechung der Neurokrinie 123
   3.2.5.2. Kontrollmechanismen und Integration im Nervensystem 130
   3.2.6. Steuerung des Verhaltens 134
   3.2.7. Steuerung endokriner Drüsen. Funktionsmorphologie ... 139
   3.3. Stammesgeschichtliche Betrachtung der Physiologie der Wirkstoffe 155
4. **Allgemeine Wirkungsmechanismen** 167

Literatur 173

Register 175

1. Allgemeines, Einleitung, Definitionen etc.

Alle Organismen, wie Bakterien, einzellige Lebewesen, Pflanzen und Tiere, bestehen aus einer Anzahl von Einzelteilen, deren Funktionen aufeinander abgestimmt sind. Diese **Koordination** wird durch Austausch von „Nachrichten" erzielt und kann bei allen lebenden Systemen, gleichgültig ob einzelne Zelle oder höheres Lebewesen, durch chemische Substanzen erfolgen. Bei Tieren tritt außerdem das nervöse Reizleitungssystem für den Informationsaustausch zwischen den Teilen hinzu.

Die Koordination der Teile spielt sich in einem höheren vielzelligen Organismus auf verschiedenen Ebenen ab: Innerhalb jeder Zelle bedarf es des Informationsflusses, von Zelle zu Nachbarzelle und von Organ zu Organ werden Nachrichten über den Funktionszustand ausgetauscht. Das Individuum steht nicht von seiner Umwelt und anderen Lebewesen isoliert da, sondern empfängt und versendet Reize, die informatorische Bedeutung haben. All dies macht zusammen das Wesen des Organismus aus; denn ein solcher kann sich nur entwickeln und ist nur lebensfähig, wenn eine derartige Harmonisierung gewährleistet ist.

Wirkstoffe sind chemische Verbindungen, die im lebenden Organismus die Koordination der Teile ermöglichen. Wirkstoffe verhelfen auch zur Kommunikation zwischen Lebewesen in einer Sozietät. Eine genaue Abgrenzung dieser Stoffe gegenüber den Baustoffen der lebenden Materie ist nicht möglich, da in einem Lebewesen prinzipiell jede vorhandene Substanz als Wirkstoff fungieren kann.

So regulieren z. B. die Gene im Kern jeder Zelle durch Erzeugung von messenger-RNS und ribosomaler RNS die Eiweißsynthese im Zytoplasma. Das Zytoplasma seinerseits enthält Regulator-Substanzen (Stimulatoren und Repressoren), die wiederum die Genaktivität beeinflussen. Diese Substanzen sind Eiweißstoffe, die in der lebenden Materie einen dauernden Auf- und Abbau erfahren. Auch die Enzyme, charakteristische Eiweißverbindungen jeder Zelle, besitzen Wirkstoffcharakter. Sie beschleunigen spezifisch die Reaktionsgeschwindigkeit von Zellprozessen und verändern daher das innere Milieu einer Zelle besonders tiefgreifend dann, wenn sie Bestandteile einer Kette von Enzymen, der sogenannten Multienzymsysteme, darstellen. Dabei dient das Reaktionsprodukt eines Prozesses gleichzeitig als Substrat eines anderen Prozesses, so daß sich das Gleichgewicht völlig auf eine Seite der Reaktion verschieben kann.

Die nächste Stufe der Koordination ist die zwischen den Zellen. Viele Zellen beeinflussen ihre Nachbarzellen durch Abgabe von Stoffen. Erwähnt seien hierzu die Vielzahl der Induktionseinflüsse während der Entwicklung, die von den Zellen des Induktorgewebes (z. B. des Chorda-Mesoderms bei Amphibien) ausgehen und das reagierende Gewebe (im angegebenen Fall das Ektoderm) organisieren, sowie die Übertragersubstanzen des Nervengewebes, die ebenfalls nur einen kurzen Weg durch Diffusion bis zum Reaktionsort zurücklegen. Solche Stoffe werden meistens als **Diffusions-Aktivatoren** zusammengefaßt und von anderen Verbindungen unterschieden, die vom Blut oder den Körperflüssigkeiten zu Reaktionsgeweben transportiert werden müssen, welche weiter entfernt vom Entstehungsort liegen. Diese Stoffe, die wir **Hormone** nennen, werden von besonders spezialisierten Zellen gebildet, die in vielen Fällen in einem drüsenartigen Gewebe, einer endokrinen Drüse, zusammenliegen.

Die bisher aufgezählten Wirkstoffgruppen erzielen ihre Effekte in dem Organismus, in dem sie gebildet werden. Eine andere Reihe von Wirkstoffen wird den Lebewesen von

Tabelle 1. Systematische Aufstellung der wichtigsten Wirkstoffe.

Wirkstoffgruppe	1. Bildungsort 2. Diffusionsweg 3. Reaktionsort	Einteilung der Wirkstoffgruppen	Funktion am Reaktionsort	Bemerkungen zur systematischen Stellung
Intrazellulare Regulatoren				
I. Paraaktivatoren	1. innerhalb der Zelle 2. innerhalb der Zelle 3. innerhalb der Zelle	a) CO_2, O_2 etc. b) Metabolite	Veränderung der Stoffwechsellage	in vielen Fällen von Gruppe II nicht exakt trennbar
II. Regulatoren der Zellaktivität	1. innerhalb der Zelle 2. innerhalb der Zelle 3. innerhalb der Zelle	a) Enzyme b) Repressoren c) m-RNS d) Genwirkstoffe (Kühn), etc.	Katalyse von Reaktionen Regulatoren der Eiweißsynthese Vorstufen der Endprodukte (Metabolite)	als Proteine oder sonstige Metabolite identisch mit normalen Zellbestandteilen
Extrazellulare Regulatoren				
III. Diffusionsaktivatoren	1. im Organismus in charakterist. Zellen 2. von Zelle zu Zelle 3. Nachbargewebe	a) Induktionssubstanzen b) Pflanzenwirkstoffe c) neurale Wirkstoffe (Überträgerstoffe etc.) d) Plasmakinine e) pharmakol. aktive Amine f) Prostaglandine g) Erythropoietin	Auslösung von Morphogenesen Wachstum und Differenzierung Reizübertragung Kontraktion glatter Muskulatur, Regulation der Blutverteilung, etc. Bildung von Blutkörperchen	von normalen Zellbestandteilen ableitbar; ausgelöste Reaktion gewebespezifisch. Gruppen c—g leiten zu Gewebehormonen über
IV. Gefäßhormone	1. im Organismus in charakterist. Zellen 2. Bluttransport 3. Reaktionsgewebe (relativ spezifisch)	a) Gewebehormone b) Neurohormone c) Drüsenhormone	Sekretionsauslösung Anregung der Proteinsynthese u.a.	

V. Pheromone und interindividuelle Wirkstoffe	1. in Zellen eines Individuums 2. von Organismus zu Organismus 3. sozial verbundenes Individuum oder generell anderes Individuum	a) morphogenetisch wirksame Pheromone b) verhaltenswirksame Pheromone c) Schreckstoffe	} Einfluß auf Morphogenesen und Verhalten, Einfluß auf endokrine Drüsen
VI. Metabolische Funktionsträger	1. allgem. in Lebewesen (Bakterien, Pflanzen, Tiere) jedoch häufig nicht alle notwendigen in einem Tier 2. Aufnahme mit der Nahrung, Nahrungstransport 3. notwendig für viele Gewebe	a) Vitamine (A,B-Gruppe, D, E, K u.a.) b) essentielle Metabolite, Vitaminoide („Vit." C, F u.a.)	} Eingriff in Zellstoffwechsel und Zellpermeabilität (allgem. Diffusionsvorgänge) } Werden Vitamine im Individuum selbst synthetisiert, so sind sie unter III einzuordnen
VII. Giftstoffe	1. in spez. Drüsen oder Zellsystemen oder allgemein im Organismus 2. Blut- oder Nahrungsweg 3. unterschiedliche Reaktionsorgane (oft Nervensystem)	a) allgem. Zellinhaltsstoffe b) Drüsengifte	

außen zugeführt. Hierunter fallen die **Vitamine** und ähnlich wirkende stoffwechselaktive Verbindungen, die man von den normalerweise als Nährstoffe aufgenommenen Proteinen, Kohlenhydraten und Fetten (Energieträger) dadurch unterscheiden kann, daß ihr Beitrag zum Energiehaushalt des Organismus gering ist. Sie üben jedoch spezifische Funktionen im allgemeinen Stoffwechselablauf aus (Funktionsträger). Zu diesen von außen zugeführten Wirkstoffen gehören auch interindividuelle Koordinatoren, die eine Kommunikation zwischen den Individuen gewährleisten. Solche Substanzen werden **Pheromone** genannt; ihre Natur und Wirksamkeit sind bei Säugetieren und Insekten gut bekannt. Lockstoffe und Schreckstoffe der verschiedensten Art, die über größere Entfernungen diffundieren lassen sich oft nur schwer von den eigentlichen Pheromonen unterscheiden.

Zu dieser Gruppe von Wirkstoffen sind auch die **tierischen Gifte** zu rechnen, die bei vielen Tieren vorkommen. Sie besitzen unterschiedliche chemische Struktur und biologische Wirksamkeit. Eine eingehende Behandlung des hiervon Bekannten würde den Rahmen dieses Buches völlig sprengen.

Die Wirkstoffe arbeiten bei Tieren eng zusammen mit dem Nervensystem. Die „chemische" Koordination steht in Verbindung zur „nervösen" Koordination und Regulation. Dies wird daran deutlich, daß oft parallel zum Wirkkreis der Wirkstoffe, vor allem der Hormone, ein Reizleitungssystem ausgebildet ist. In vielen Fällen wird ein Effekt in einem Organismus sowohl durch chemische Botenstoffe als auch durch nervöse Informationsübertragung erzielt. Der enge Kontakt zwischen Nervensystem und humoraler Regulation zeigt sich z. B. daran, daß nervöse Reizleitung und -übertragung mit Hilfe einer Reihe von Stoffen (**Überträgersubstanzen** etc.) vonstatten geht. Außerdem treten endokrine Phänomene im Nervensystem auf, d.h. Nervenzellen, besonders in zentralisierten Teilen des Nervensystems, wirken als endokrine Drüsen und produzieren Stoffe, die man „Hormone" nennen muß. Im Rahmen der Hormonforschung gewinnt die Neuroendokrinologie, die sich mit diesen Erscheinungen beschäftigt, immer größere Bedeutung. Die Aktivität des Zentralnervensystems wird in hohem Maße von Hormonen beeinflußt. Andererseits hängt die Produktion und Abgabe vieler Hormone von nervösen Reizen ab.

In Tabelle 1 werden zur Übersicht die Wirkstoffe systematisch gruppiert. Es muß von Anfang an klar sein, daß diese Einteilung die chemische Natur der Stoffe unberücksichtigt läßt.

2. Einteilung der Wirkstoffe und kurze Beschreibung

In diesem Buch sollen nur die Hormone, die Vitamine und einige andere Wirkstoffe behandelt werden. Es ist Aufgabe anderer Darstellungen im Rahmen dieser Reihe, die intrazellularen Regulatoren (z.B. im Bändchen „Zellphysiologie") und die Nervenreiz- und -überträgerstoffe (in „Nervenphysiologie") zu behandeln. Auch die meisten Diffusions-Aktivatoren, vor allem soweit sie Entwicklungsprozesse koordinieren, werden an anderer Stelle behandelt (in „Entwicklungsphysiologie"). Ebenso können Gifte hier nicht ausgiebig besprochen werden. Das folgende Kapitel gibt eine kurze Beschreibung der wesentlichen Wirkstoffe.

2.1. Diffusions-Aktivatoren

Hier werden nur die Diffusions-Aktivatoren erwähnt, die in bezug auf ihre Wirksamkeit den Gewebehormonen nahestehen. Es sind dies **neurale Überträgersubstanzen** und eine Reihe von Wirkstoffen, die vor allem mit der Regulation der Blutverteilung, der Blutbildung und anderen Effekten zu tun haben (Tabelle 2).

Die Beteiligung chemischer Substanzen an der Nervenerregung wurde 1921 erstmals von LOEWI nachgewiesen. Er stellte fest, daß der Vagus-Nerv des Herzens nach Reizung eine Substanz in eine Salzlösung abgibt, welche die Schlagamplitude des Herzens verringert, wenn es mit dieser Lösung gefüllt wird. Die Substanz wurde später als Acetylcholin identifiziert. Acetylcholin ist nicht nur die Aktionssubstanz parasympathischer Nerven, sondern ist als Überträgersubstanz von Motorneuronen und präganglionären sympathischen Fasern weit verbreitet. Solche cholinergen Neurone fehlen anscheinend in den sensorischen Nerven der Wirbeltiere und den efferenten Nervenbündeln von Crustaceen. Für die Wirkung des Acetylcholins ist Voraussetzung, daß es von der Synapse, an der es abgegeben wird, auch schnell wieder abgebaut wird. Hierfür ist ein Enzym, die Acetylcholinesterase, verantwortlich. Hemmung dieses Enzyms durch Eserin, Prostigmin oder andere Pharmaka führt zur Dauerreizung der postsynaptischen Zelle. Bestimmte Substanzen (z.B. Atropin) blocken die Reizübertragung. Sie verdrängen Acetylcholin wahrscheinlich aus einem Komplex mit einem Rezeptor an der postsynaptischen Membran.

Noradrenalin, das hauptsächlich bei Wirbeltieren, aber auch bei einigen Wirbellosen, als Überträgersubstanz Bedeutung haben dürfte, ist chemisch nahe mit Dopamin — aus dem es wohl auch entsteht — verwandt. Wahrscheinlich wirken Noradrenalin und Adrenalin in erster Linie auf den Stoffwechsel der postsynaptischen Zelle. Es ist bekannt, daß diese Catecholamine die aktive Phosphorylase vermehren, wodurch die Glykolyse gesteigert wird. In Verbindung hiermit erhöht sich das Membranpotential und erschlafft die glatte Muskulatur. Von den übrigen Überträgersubstanzen hat vor allem das Serotonin universelle Bedeutung. Während es im Wirbeltiergehirn vorwiegend hemmend wirkt, erregt es das Muschel-Herz deutlich. Die Wirkung von Serotonin im Wirbeltiergehirn wird teilweise von dem Psychopharmakon Lysergsäure (LSD) nachgeahmt. Man diskutiert, ob im Zentralnervensystem von geistig anomalen Menschen der Serotoningehalt vom Normalwert abweicht.

Die **Gruppe der Plasmakinine** umfaßt Stoffe, die zunächst im Blutplasma von Wirbel-

Tabelle 2. Diffusions-Aktivatoren, die ähnlich wie Gewebehormone wirken.

Wirkstoffe	Vorkommen	Wirkung	chem. Struktur	Bemerkungen
1. Neurale Übertragersubstanzen				
Acetylcholin	cholinerge Neurone: Motoneurone, prägangl. symp. Fasern, prä- u. postgangl. parasymp. Fasern, weit verbreitet im ZNS der Vertebraten	Übertragersubstanz vorwiegend erregend, wahrscheinlich auch hemmende Wirkung auf die postsynaptische Zelle	$H_3C-CO-O-CH_2-CH_2-N\begin{smallmatrix}CH_3\\CH_3\\OH\end{smallmatrix}CH_3$	morpholog.: synaptische Bläschen
Noradrenalin, Adrenalin	adrenerge Neurone: postgangl. symp. Fasern, Nervensystem von Insekten und Anneliden, Vorkommen im Hypothalamus, weit verbreitet in den hinteren Hirnabschnitten der Vertebraten	Übertragersubstanz erregende und hemmende Wirkung	(Noradrenalin)	morpholog.: elektronendichte Granula von etwa 700—1000 Å Durchmesser
Serotonin (5-Hydroxytryptamin, Enteramin)	weit verbreitet im ZNS der Vertebraten und Invertebraten	Übertragersubstanz erregende und hemmende Wirkung		
Dopamin	verbreitet im ZNS der Vertebraten	Übertragersubstanz vorwiegend hemmend, wahrscheinlich auch erregende Wirkung		
γ-Aminobuttersäure	verbreitet im Gehirn und Rückenmark der Wirbeltiere und im ZNS decapoder Crustaceen und Insekten	Hemmwirkung	$HOOC-CH_2-CH_2-CH_2NH_2$	Glyzin wirkt möglicherweise ähnlich
Glutaminsäure	weit verbreitet, auch bei Invertebraten	erregende Wirkung im ZNS der Vertebraten und bei Motoneuronen von Vertebraten und Invertebraten	$HOOC-CH_2-CH_2-CHNH_2-COOH$	Asparaginsäure wirkt ähnlich

2. *Plasmakinine* (vasopressorisch und vasodilatatorisch wirkende Substanzen)

Kallidin	Blutplasma von Wirbeltieren	senken Blutdruck durch Erweiterung der Gefäße und Erhöhung der Gefäßpermeabilität, Kontraktion glatter Muskulatur u.a.	10-Peptid: Lys-Arg-Pro-Pro-Gly-Phe-Ser-Pro-Phe-Arg
Bradykinin	Blutplasma von Wirbeltieren		9-Peptid: Arg-Pro-Pro-Gly-Phe-Ser-Pro-Phe-Arg
Vespakinin	Wespengift		18-Peptid
Ornithokinin	Blutplasma von Vögeln		Peptid

zu dieser Gruppe wurden noch eine Reihe weiterer Peptide bekannt:
Kinine — blutdrucksenkende Peptide
Kininogen — Substrat, aus dem Kinin freigesetzt wird
Kininogenase — Enzym, das Kinin freisetzt
Kininase — Enzym, das Kinin inaktiviert

Angiotensin I	Blut von Wirbeltieren	verändert Nierendurchblutung durch Gefäßverengung, dadurch Adiurese	10-Peptid: Asp-Arg-Val-Tyr-Ile-His-Pro-Phe-His-Leu
Angiotensin II	Blut von Wirbeltieren	stimuliert Aldosteronfreisetzung aus Nebennierenrinde der Säuger	8-Peptid: Asp-Arg-Val-Tyr-Ile-His-Pro-Phe
Substanz P	Darmwand und ZNS verschiedener Wirbeltiere	senkt Blutdruck und kontrahiert glatte Muskulatur	Peptid

Renin setzt aus Globulinfraktion Angiotensin I frei

entsteht durch Abspaltung von 2 Aminosäuren aus Angiotensin I

vielleicht identisch mit einem der Kinine

3. *Vesiglandine* (Prostaglandine)

Prostaglandin E_1 bis E_3, F_{1a} bis F_{3a}	Spermaflüssigkeit, weit verbreitet im tierischen Organismus	Kontraktion der glatten Muskulatur, Dilatation der Blutgefäße, Hemmung der Freisetzung von Fettsäuren aus dem Depot	langkettige Lipide	werden oft auch als Vitamine bezeichnet

Wirkstoffe	Vorkommen	Wirkung	chem.	Bemerkungen
4. Erythropoietin	Blut von Säugetieren, Entstehungsort wahrscheinlich Niere	Beschleunigung der Blutzellenbildung	Glykoproteid	
5. Histamin	weit verbreitet im tierischen Körper (auch im pflanzlichen Organismus)	ruft allergische Symptome hervor, Kontraktion glatter Muskulatur, Dilatation und Permeabilitätserhöhung der Gefäße, bewirkt HCl-Sekretion im Magen neben anderen pharmakologischen Effekten	$\begin{array}{c} HC = C-CH_2-CH_2-NH_2 \\ \vert \vert \\ HN \diagdown C \diagup N \\ H \end{array}$	
6. Heparin	besonders in Mastzellen des Bindegewebes, in Leukozyten	verhindert Gerinnung, hemmt Übergang Prothrombin → Thrombin	saures Mucopolysaccharid	

tieren nachgewiesen werden konnten. Diese Wirkstoffe dürfen nicht mit den Zytokininen verwechselt werden, einer Gruppe von Pflanzenwirkstoffen, die chemisch und physiologisch nichts mit den Plasmakininen gemein haben. Die Plasmakinine entstehen und wirken grundsätzlich nach folgendem Schema:

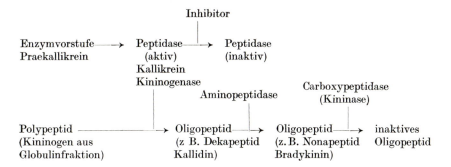

Die wirksamen Verbindungen sind die verschiedenen Oligopeptide. Die Reaktionskette erlaubt eine exakte Regulierung der Menge der sehr aktiven Verbindungen.

1926 entdeckte FREY, daß nach intravenöser Injektion von Hundeharn in einen anderen Hund der Blutdruck sinkt. Auf Grund dieser Untersuchungen wurde eine Substanz isoliert, die Kallikrein genannt wurde. Das Kallikrein kommt auch in größeren Mengen in der Bauchspeicheldrüse, in der Speicheldrüse und im Speichel selbst vor. Die Drüsen-Kallikreine sind Peptidasen, die aus der Globulinfraktion des Blutplasmas das Dekapeptid Kallidin abspalten.

Im Gift der Schlange *Bothrops jararca* findet sich ebenfalls eine Peptidase, die ein Kinin des Plasmas entstehen läßt. Dieses Kinin wurde Bradykinin genannt. Es besteht aus 9 Aminosäuren und kann durch Abspaltung einer Aminosäure aus Kallidin gebildet werden. Im Blut der Säuger finden sich Inaktivatoren für Kallikrein und eine Carboxypeptidase, die Bradykinin zerstört.

Inzwischen wurde eine Reihe weiterer Kinine isoliert. Im Gift von Wespen der Gattung *Polistes* gibt es ein Kinin, das chemisch die Aminosäurereihe des Bradykinins und einen Rest aus 9 weiteren Aminosäuren aufweist. In der Haut des Amphibs *Phyllomedusa rohdei* fand man das Phyllokinin, das auch die Aminosäurekette des Bradykinins mit zwei zusätzlichen Aminosäuren enthält. Die Haut von *Rana nigromaculata* entläßt ebenfalls Peptide mit Bradykinin-Struktur. Aus Amphibienhaut isolierte man noch eine Reihe weiterer Hautpeptide wie Eledoisin, Physalaemin und Caerulein, die ähnlich wirken wie die Kinine. Die Sequenz der Aminosäuren ist jedoch eine andere.

Die Plasmakinine sind blutdrucksenkende Peptide. Sie erzielen diese Wirkung durch Erweiterung der Gefäße und Steigerung der Gefäßpermeabilität. Sie sind wahrscheinlich für lokale Erhöhung der Blutzufuhr, z. B. im Magen-Darmgebiet, von großer Wichtigkeit. Am isolierten Ratten-Uterus erzielen diese Kinine eine Kontraktion der glatten Muskulatur, während die Muskulatur des Ratten-Dünndarms unter Einwirkung dieser Substanzen erschlafft. Diese Effekte haben die Kinine jedoch teilweise mit anderen Stoffen aus der Tabelle 2 gemeinsam.

Zur Gruppe der Kinine können auch die **Angiotensine** gestellt werden. Sie werden ebenfalls aus der Globulinfraktion abgespalten durch enzymatische Wirkung des Stoffes Renin. Renin wird in bestimmten Nierenzellen gebildet, die in der Nähe des Glomerulum in der Wand der zuführenden Arteriole liegen. Die Zellgruppe wird als juxtaglomerulärer Apparat bezeichnet. Renin gelangt in das Blut und wirkt dort auf die Globulinfraktion ein. Hierbei entsteht zunächst das Decapeptid Angiotensin I, das durch ein Umwandlungsenzym zwei Aminosäuren verliert und damit in das eigentlich wirksame Oktopeptid Angiotensin II überführt wird. Angiotensin erhöht den Blutdruck; es vergrößert den Gefäßwiderstand in der Niere und verringert damit gleichzeitig die Wasserabgabe durch den Harn. Beim Säuger stimuliert Angiotensin außerdem die Sekretion von Aldosteron durch die Zona glomerulosa der Nebennierenrinde. Dieses wichtige Mineralocorticoid (Nebennierenrinden-Hormon, das den Osmomineralhaushalt reguliert) verstärkt die Wirkung des Angiotensins außerdem durch Retention von Na.

Weitere Wirkstoffe dieser Gruppe sind die **Prostaglandine**. Ihr Name wurde ihnen gegeben, weil sie hauptsächlich in der Samenflüssigkeit (von Mensch und Schaf) nachgewiesen werden konnten. Inzwischen ist bekannt, daß diese Stoffe weit verbreitet in verschiedensten tierischen Organen vorkommen. Sie entstehen aus ungesättigten Fettsäuren: aus Homo-γ-linolsäure entsteht das Prostaglandin E_1, aus Arachidonsäure E_2 und aus 5,8,11,14,17-Eikosapentaensäure E_3. Sie erniedrigen den Blutdruck durch Dilatation peripherer Gefäße und verursachen ebenfalls Kontraktion der glatten Muskulatur. Eine wichtige Rolle spielen sie anscheinend im Stoffwechsel des Fettgewebes als Lipolysehemmer.

In Verbindung mit diesen Wirkstoffen muß auch das **Erythropoietin** besprochen werden. Entweder wird dieser Stoff in der Niere gebildet, oder die Nierenzellen produzieren nur ein Enzym, das den eigentlichen erythropoietisch wirkenden Faktor aus der α-Globulinfraktion abspaltet. Die biologische Wirkung dieses gesamten Wirkstoffsystems liegt vor allem in der Steigerung der Erythrozytenproduktion in Verbindung mit vermehrter Haemoglobinsynthese. Eine Beschleunigung der Eiweißsynthese in den Zellen des blutbildenden Systems deutet auf den zellularen Angriffspunkt dieses Wirkstoffes hin.

Histamin hat im Organismus eine große physiologische Bedeutung, da pharmakologisch eine Reihe wichtiger Reaktionen auf Gaben von Histamin festzustellen sind. In fast allen lebenden Zellen ist die Möglichkeit der Histaminbildung gegeben, da es sehr leicht aus der wichtigen Aminosäure Histidin entsteht. Seine Wirkungen im Organismus wie Kontraktion der glatten Muskulatur, Einflüsse auf die Gefäßwand und Stimulation der Sekretion exokriner Drüsen sind wahrscheinlich streng lokal begrenzt.

Das letzte gilt auch für **Heparin**, das in bestimmten Zellen des Mesenchyms gebildet wird. Seine größte Bedeutung liegt darin, daß es den Übergang von Prothrombin zu Thrombin hemmt, so daß die Blutgerinnung verhindert wird.

2.2. Hormone

Hormone sind Wirkstoffe, die im tierischen Organismus, in dem sie wirken, auch gebildet werden. Sie entstehen in besonderen Drüsensystemen, den endokrinen Drüsen, und werden durch Blut oder Körperflüssigkeit zu den Organen transportiert, deren Reaktionen sie dann hervorrufen. Der Begriff „Hormon" umfaßt auch die Gewebe- und Neurohormone. Die Produktionsstätten der Gewebehormone und die sekretorisch tätigen Nervenzellen dürfen nur mit Einschränkung als endokrine Drüsenzellen bezeichnet werden.

Die **Gewebehormone** werden wie die „echten" Hormone nach der Produktion durch Zellen der Magen- oder Darmwand der Wirbeltiere an die Blutbahn abgegeben. Die Gewebehormone Gastrin, Sekretin, Duocrinin, CCK-PZ und Enterocrinin regen exokrine

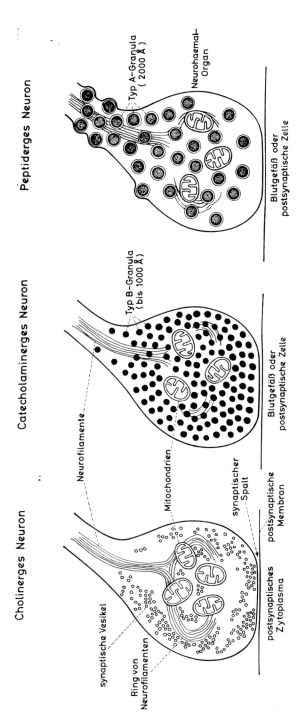

Abb. 1. Neuronentypen (sekretorische Tätigkeit).

Tabelle 4. Bedeutung und Vorkommen von Neurosekretion in den wesentlichen Tiergruppen

Tiergruppe	Vorkommen neurosekretorischer Zellen	Neurohaemalorgane	Funktionen des Neurosekrets
Coelenterata, *Hydra*	Nervennetz des Hypostoms		Wachstum und Regeneration
Turbellaria, *Polycelis* u.a.	im ventralen Teil des Gehirns		Regeneration, jahreszeitl. Fortpflanzungszyklus, Osmoregulation
Trematoda, *Dicrocoelum* u.a.	ein Paar neurosekretorischer Zellen im Cerebralganglion	Speicherung zwischen Nervenfasern (einfache Form von Neurohaemalorgan)	?
Cestoda, *Hymenolepis*	im Nervengewebe des Scolex		zeigen zyklische Veränderungen während Entwicklung
Nemertini	„Cerebralganglion" (zusammengesetzt aus drüsigen und neuralen Elementen)		hemmt Gonadenentwicklung, wichtig für Osmoregulation
Nematoda, *Ascaris* u.a.	im Lateralganglion des vorderen Nervenrings		beeinflußt (vielleicht indirekt) den Häutungsvorgang
Annelida, Polychaeta Annelida, Oligochaet.	Oberschlundganglion, Bauchmarkganglion	einfache Vereinigung von Axonen (pericapsuläres Organ)	hemmt Gonadenreife und Epitokie, Ausbildung der Geschlechtsmerkmale, Regeneration, Osmoregulation Farbwechsel
Annelida, Hirudinea	Ober- und Unterschlundganglion (α- und β-Zellen)		
Mollusca, Gastropoda Mollusca, Lamellibranchiata	in fast allen Ganglien	einfache Vereinigung von Neuronen mit Blutgefäßen	zyklische Aktivität in Verbindung mit Fortpflanzung, Osmoregulation, jahreszeitl. Aktivität (Überwinterung) Kontrolle des Blutkreislaufs
Mollusca, Cephalopoda	Visceralganglion, im Buccalkomplex		
Crustacea	X-Organe im Augenstiel und Gehirn im Tritocerebrum des Gehirns in Thoraxganglien	Sinusdrüse Postcommissuralorgan Pericardialorgan	Lichtadaptation im Auge, Farbwechsel, hyperglykaemisches Prinzip, Ovarienhemmung, Häutungshemmung über Y-Organ Herzschlagregulation
Chelicerata, Xiphosura	in allen Ganglien des ZNS		vielleicht Farbwechsel
Chelicerata, Arachnida	2 Paare von Gruppen im Protocerebrum	2 Paare Schneidersche Organe	Fortpflanzungsregulation

Myriapoda	im Gehirn, hauptsächlich Protocerebrum	Cerebraldrüse	Jahreszyklische Veränderungen, indirekter Einfluß auf Häutung
Insecta	Pars intercerebralis des Vorderhirns (A- und B-Zellen), vereinzelt in weiteren Gehirnregionen	Corpora cardiaca	Protein-Stoffwechsel, Blutzucker-Regul. Exkretion, Osmoregulation ecdysiotropes Prinzip, Härten der Cuticula, Farbwechsel, Herzschlagregulation
	Unterschlundganglion und Bauchmarkganglien	„perisympathetische Organe"	Diapause, biologische Rhythmik Exkretion und Osmoregulation Härten der Cuticula, Farbwechsel Herzschlagregulation
Echinodermata	im Ringnerv und Radiärnerv im Radiärnerv		Osmoregulation Ei- und Sperma-Abgabe
Tunicata	bisher wenig bearbeitet		?
Chordata	Hypothalamo-Hypophysensystem	Pars nervosa	Hinterlappenhormone: Osmoregulation, Blutdruckregulation, Uterus-Kontraktion, Laktation
		Eminentia mediana	Releasing-Faktoren: Regulation der Funktion der Adenohypophyse
	weitere sekretorisch tätige Hirngebiete (Pinealorgan, circumventriculäre Organe)		Farbwechselwirksamkeit (Melatonin) Einfluß auf Gonadenzyklen Allgemeine Regulationsfunktion durch Neurohumoralismus
	Urophyse		Regulation der Blutzufuhr zur Niere Osmoregulation

Im Hypophysenzwischenlappen der Katze konnten BARGMANN u. Mitarb. dreierlei Arten von Nervenzellen nachweisen, die Synapsen mit Epithelzellen bilden: 1. solche mit synaptischen Bläschen, 2. mit synaptischen Bläschen und Catecholamin-Granula und 3. mit synaptischen Bläschen und den hochmolekulares Peptid enthaltenden Elementargranula. Dies verwischt jede Unterscheidungsmöglichkeit zwischen den sekretproduzierenden Nervenzellen. Bei Wirbeltieren werden die Adenohypophysenzellen häufig von unterschiedlichen Neuronen innerviert. Bis jetzt ist die Bedeutung der verschiedenen Typen nicht geklärt.

Das hochmolekulare Neurosekret hat bei vielen Tiergruppen wichtige hormonale Funktionen. Das Vorkommen im Tierreich läßt sich mit Hilfe der Färbemethoden gut demonstrieren. Kritisch angewendet erlauben die histologischen Methoden auch Aussagen über die Bedeutung und die Aktivität des Systems. Speicherung von Neurosekret im Neurohaemalorgan bedeutet in der Regel Hemmung der Abgabe. Sie erfolgt, wenn momentan das Hormon vom Individuum nicht benötigt wird. Fehlen der Granula im Zellkörper und am terminalen Ende läßt meist auf Inaktivität des Systems schließen. Liegen jedoch im Zelleib und im Neuriten Granula vor, während der Speicher entleert ist, so befindet sich das produzierende System in hoher Aktivität.

Tabelle 4 demonstriert das Vorkommen neurosekretorischer Zentren im Tierreich und die wahrscheinliche Funktion des Neurosekrets in der betreffenden Tiergruppe. Man erkennt leicht, daß Gruppen neurosekretorischer Zellen in fast allen Tiergruppen nachgewiesen sind. In Verbindung mit den Zentren stehen die Neurohaemalorgane, die Speicher des Sekretes, die allerdings sehr verschieden gebaut sein können. Im einfachsten Falle handelt es sich um ein Nervengeflecht, zu dem Kapillaren hinzutreten. Kompliziertere Neurohaemalorgane sind Gebilde, bei denen die Nervenenden mit Blutsinus von einer bindegewebigen Hülle umgeben sind. Dies ist z.B. bei der Sinusdrüse im Augenstiel der Crustaceen und bei den Corpora cardiaca der Insekten der Fall. Unter Umständen gesellt sich dann, wie in diesen Corpora, noch ein drüsiger Teil dazu, der selbst Wirkstoffe bilden kann.

Eine wichtige phylogenetische Entwicklungslinie erkennt man bei Betrachtung der Funktion des Neurosekretes, wenn man die Aufgaben der übrigen Drüsenhormone mitberücksichtigt. Bei niederen Tieren kontrolliert das Neurosekret allein die wichtigsten physiologischen Funktionen. Endokrine Drüsen sind nicht bekannt. Das Nervensystem ist in diesem Fall der einzige Koordinator. Auf höherer Entwicklungsstufe reduziert sich diese direkte Wirkung auf eine geringere Anzahl von Funktionen. Daneben reguliert das Neurosekret jedoch endokrine Drüsen, deren Produkte dann Regulationsaufgaben übernehmen. Die höchste Stufe wird durch hintereinander geschaltete endokrine Drüsen repräsentiert. Das Neurosekret stimuliert oder hemmt endokrine Drüsen erster Ordnung (z.B. bei Wirbeltieren die „releasing"-Faktoren die Adenohypophyse). Diese endokrinen Drüsen wiederum produzieren glandotrope Hormone, die andere endokrine Drüsen beeinflussen, deren Hormone die meisten physiologischen Aufgaben erfüllen. Sowohl Neurosekret als auch endokrine Drüsen I. Ordnung üben selbst schon direkte Einflüsse auf peripheres Gewebe aus, so daß ein dreistufiges Regulationssystem entsteht (Abb. 2).

Das zuletzt gezeichnete Bild trifft in erster Linie für Wirbeltiere zu. Hier ist einerseits im Zentralnervensystem die Sekretion von Übertragersubstanzen (Kap. 2.1.) weit verbreitet, andererseits ist das Hypothalamo-Hypophysensystem eine zentrale Umschaltstelle (Abb. 3), in der Außenreize in innere Befehle an den Körper übersetzt werden (Kap. 3.2.5.). Der Hypothalamus bekommt über mehrere Schaltstellen die Informationen von den Außenreizen. Außerdem steht er durch Neurone und deren Dendriten mit dem

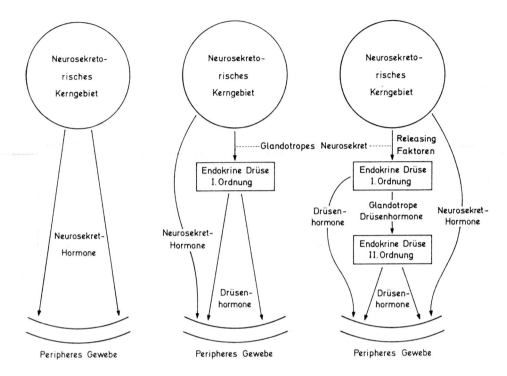

Abb. 2. Hierarchischer Aufbau von endokrinen Systemen.

Ventrikel in Verbindung und wird so über das innere Milieu informiert, was natürlich auch direkt über die Blutbahn im Hypothalamus erfolgt. Diese Informationen steuern im Hypothalamus den Sekretfluß, der über peptiderge Neurone die Pars nervosa (Hypophysen-Hinterlappen) und die Eminentia mediana (Kontaktstelle zur Pars distalis — Hypophysen-Vorderlappen) erreicht. Die Neurohypophyse, die aus Para nervosa und Eminentia mediana besteht, und der Zwischenlappen der Hypophyse werden außerdem noch durch cholinerge, catecholaminerge und gemischte Neurone gesteuert.

Der Hypothalamus ist so in der Lage, den Körper über das Hormonsystem an Außenbedingungen anzupassen. Außerdem besitzt er Rezeptorstellen für Informationen über das innere Milieu, kann also praktisch den Hormonspiegel messen und die Hormonabgabe danach einrichten. Man nennt dies ein feed-back-System.

Die Pars nervosa gibt Oktopeptide an den Kreislauf ab. Die Eminentia mediana sezerniert releasing-Faktoren in das Pfortadersystem, das eine direkte Verbindung zur Adenohypophyse, und zwar vor allem zur Pars distalis, darstellt. Die Eigenschaften dieser beiden Hormongruppen sind in Tabelle 5 zusammengestellt.

Als **endokrine Drüsen** I. Ordnung wurden die innersekretorisch tätigen Organe definiert, die direkt vom Neurosekret oder vom Nervensystem reguliert werden (Abb. 2). Es werden also hierunter sowohl die sogenannten neuroendokrinen Drüsen als auch epitheliale Organe, deren Regulation aber direkt durch das Nervensystem oder Neurosekret erfolgt, verstanden. Bei Wirbellosen gibt es eine Reihe solcher Organe. Der Hypo-

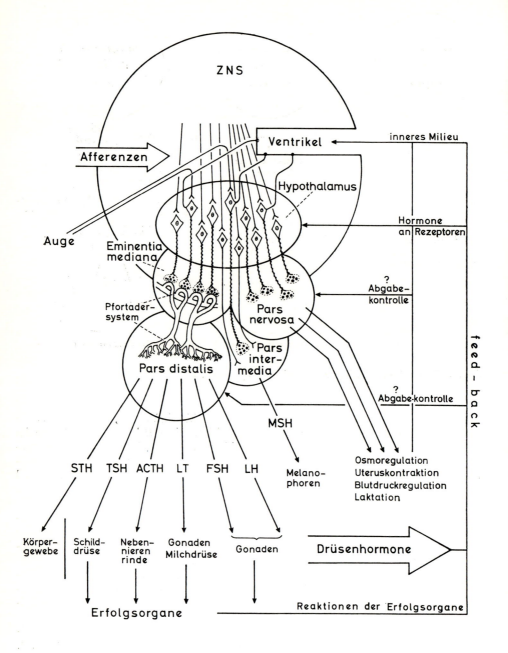

Abb. 3. Regulation der Erfolgsorgane durch Hormonsysteme und Zentralnervensystem (ZNS) sowie Rückkopplung (feed-back) des Reaktionserfolges. Abkürzung der Hormone s. Tabelle 6.

physenvorderlappen und -zwischenlappen repräsentieren diese Gruppe bei Wirbeltieren. In Tabelle 6 sind die wichtigsten dieser endokrinen Drüsen mit ihren Sekretionsprodukten und deren Funktion zusammengestellt.

Die übrigen endokrinen Drüsen sind solche II. Ordnung (Abb. 2, Tabelle 7). Sie sind abhängig von den endokrinen Drüsen I. Ordnung. Die Organe I. Ordnung bilden sogenannte endokrinokinetische Hormone (TSH, ACTH, FSH, LH und LT), die die Drüsen II. Ordnung zur Hormonproduktion anregen und auch während der Entwicklung deren Wachstum fördern.

Hierzu gehören noch endokrine Drüsen, deren Regulation durch das innere Milieu oder durch Bedingungen, die in der Drüse selbst zu finden sind (Entwicklungsstadien etc.), reguliert werden. Genauere Untersuchungen müssen hierbei meistens noch klären, wodurch die zellularen Vorgänge in diesen Drüsen reguliert werden.

Die Funktionen der Hormone bei Wirbeltieren variieren oft deutlich in den einzelnen Klassen. Eine stammesgeschichtliche Entwicklung von Fischen zu Säugetieren ist festzustellen (Kap. 3.3.).

2.3. Pheromone

Pheromone sind Wirkstoffe, die von bestimmten Drüsen eines Individuums gebildet und an die Umgebung abgegeben werden. Sie stimulieren bei einem anderen Individuum der gleichen Art Verhaltens- oder Entwicklungsänderungen. Sie sind auch in sehr geringen Mengen wirksam. Der Begriff und die Definition wurden von KARLSON und LÜSCHER eingeführt und ersetzten die ältere Bezeichnung Ektohormone (BETHE). Letzterer Begriff wurde vor allem deshalb als ungünstig angesehen, weil zur Hormondefinition der Transport auf dem Blutweg gehört, was bei vielen dieser Substanzen keine Rolle spielt. Der Empfänger nimmt hier den Stoff durch Sinnesorgane wahr oder oral in den Körper auf. In jedem Falle stellt wahrscheinlich die Sinneswahrnehmung den eigentlichen Auslöser dar. Daher läßt sich für alle Pheromone eine Wirkungskette annehmen, die von den Sinnesorganen zum Zentralnervensystem und von dort entweder direkt auf das Verhalten oder über endokrine Drüsen und andere physiologische Parameter auf den Organismus einwirkt.

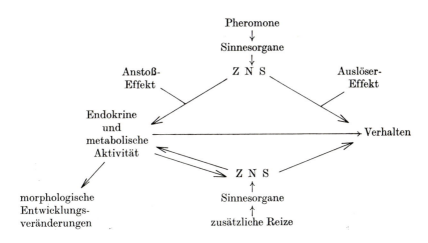

Tabelle 5. Bedeutung der Neurosekretion bei Wirbeltieren.

Hormon	Chemische Struktur	Tiergruppen (Vorkommen): Funktion
1. Hormone des Hypothalamus-Pars nervosa-Systems		
Vasotocin	Cys-Tyr-Ile-Gln-Asn-Cys-Pro-Arg-Gly-NH$_2$	allgem.: Osmoregulation; Elasmobranchier, Teleosteer: Kontraktion glatter Muskulatur im Ovar ab Reptilien: Adiurese, Uteruswirkung, Blutdruckwirkung
Oxytocin	Cys-Tyr-Ile-Gln-Asn-Cys-Pro-Leu-Gly-NH$_2$	Amphibien: Adiurese, Kontraktion glatter Muskulatur im Ovar ab Reptilien: Adiurese, Uteruswirkung, Blutdruckwirkung
Glumitocin	Cys-Tyr-Ile-Ser-Asn-Cys-Pro-Gln-Gly-NH$_2$	Elasmobranchier: Osmoregulation
Isotocin	Cys-Tyr-Ile-Ser-Asn-Cys-Pro-Ile-Gly-NH$_2$	Teleosteer: Diurese
Mesotocin	Cys-Tyr-Ile-Gln-Asn-Cys-Pro-Ile-Gly-NH$_2$	Lungenfische, Amphibien: Osmoregulation Reptilien: Adiurese, Uteruswirksamkeit
Arginin-Vasopressin	Cys-Tyr-Phe-Gln-Asn-Cys-Pro-Arg-Gly-NH$_2$	Säuger (Ausnahme Schweineartige): Adiurese, Blutdrucksteigerung
Lysin-Vasopressin	Cys-Tyr-Phe-Gln-Asn-Cys-Pro-Lys-Gly-NH$_2$	Schweineartige Säuger: Adiurese, Blutdrucksteigerung

2. Releasing-Faktoren

Wachstumshormon-Releasing-Faktor (GRF)	Val—His—Leu—Ser—Ala—Glu—Glu—Lys—Glu—Ala	Freisetzen von STH aus Adenohypophyse
Corticotropin-Releasing-Faktor (CRF)	13 oder weniger Aminosäuren	Freisetzen von ACTH aus Adenohypophyse
Thyreotropin-Releasing-Faktor (TRF)	Pyr—His—Pro—NH$_2$	Freisetzen von TSH aus Adenohypophyse
Follikel-stimulierendes-Hormon-Releasing-Faktor (FRF)	Pyr—His—Trp—Ser—Tyr—Gly—Leu—Arg—Pro—Gly—NH$_2$ (vielleicht nur eine Substanz für beide Funktionen)	Freisetzen von FSH aus Adenohypophyse
Luteinisierendes Hormon-Releasing-Faktor (LRF)		Freisetzen von LH aus Adenohypophyse
Prolaktin-Hemmungs-Faktor (PIF)	kleinere Peptide unbekannter Struktur	Hemmung der Prolaktin-Abgabe aus Adenohypophyse
Prolaktin-Releasing-Faktor (PRF)		Freisetzen von Prolaktin aus Adenohypophyse
Melanophorotropin-Releasing-Faktor (MRF)		Freisetzen von MSH aus Zwischenlappen
Melanophorotropin-Hemmungs-Faktor (MIF)	Pro—Leu—Gly—NH$_2$	Hemmung der MSH-Abgabe aus dem Zwischenlappen

Tabelle 6. Endokrine Drüsen I. Ordnung im Tierreich und deren Bedeutung.

Tiergruppe	Drüse	Hormon	Funktion	Kontrolle	Bemerkungen
Mollusca, Cephalopoda	optische Drüse	Gonadotropin	vergrößert Ovarien und fördert Entwicklung derselben	hemmendes Zentrum in den Subpeduncularkörpern	neurosekretorische Regulation unwahrscheinlich
Crustacea	Y-Organ	Crustecdyson (chem.: Steroid)	löst Häutung aus	Hemmung durch Neurosekret des Augenstiels durch Gehirn	teils als Speicher für Neurosekret, teils selbst drüsig Nachweis nicht eindeutig
Chelicerata, Arachnida	Schneidersche Organe	Neurohaemalorgan, eigene Hormone?			
	Häutungsdrüse	?	Einfluß auf Häutung	?	
Myriapoda	Zentrum im Prothoraxgebiet	?	Einfluß auf Häutung	Hemmung durch Neurosekret	
Insecta	Corpora cardiaca	Neurohaemalorgan	s. Neurosekret	nervöse und neurosekretorische Kontrolle des drüsigen Teiles der C.c.	Unterscheidung der Funktion der im Drüsenteil produzierten Hormone und des Neurosekretes ist schwierig.
		eigene Hormone	Regulation des Kohlenhydratstoffwechsels, Regulation des Herzschlags durch Freisetzen von Serotonin in Herznähe		
	Corpora allata	Juvenilhormon (chem.: Isoprenabkömmling)	Beeinflussung des Häutungscharakters im Sinne einer Larvalhäutung	nervöse und neurosekretorische Kontrolle. Aktivität der C.a. beeinflußt selbst Aktivität der neurosekretorischen Zentren	Möglicherweise sind weitere stoffwechselwirksame Faktoren vorhanden
		Gonadotroper Faktor	Stimulation des Oocytenwachstums, Synthese von Proteinen durch Fettkörper, notwendig für Oogenese		
	Prothoraxdrüse (Ventraldrüse usw.)	Ecdyson (chem.: Steroid)	Auslösung der Häutung	Stimulation durch das prothoracotrope Hormon (Neurosekret)	

Vertebrata	Adenohypophyse Vorderlappen (Pars distalis)	STH = somatotropes Hormon	fördert Wachstum	durch GRF
		TSH = thyreotropes Hormon	stimuliert Wachstum, Hormonproduktion und -abgabe in Schilddrüse	durch TRF
		ACTH = adrenocorti-tropes Hormon	stimuliert Wachstum, Hormonproduktion und -abgabe im interrenalen Gewebe	durch CRF
		FSH = follikelstimu-lierendes Hormon	stimuliert Follikelwachstum, fördert Follikelreife	durch FRF
		LH = luteinisierendes Hormon	wirkt bei Follikelreife mit, stimuliert Oestrogenproduktion, löst Ovulation aus	durch LRF
		LT = luteotropes Hormon = Prolac-tin = mammotropes Hormon	stimuliert Sekretion der Corpora lutea, fördert Laktation	durch PIF, PRF
	Adenohypophyse Zwischenlappen (Pars intermedia)	MSH = Melano-phorenhormon	dispergiert Melaningranula in Melanophoren	durch MIF, MRF

Tabelle 7. Endokrine Drüsen II. Ordnung und unabhängige endokrine Drüsen und deren Bedeutung.

Tiergruppe	Drüse, Entstehung	Hormon	Funktion	Kontrolle	Bemerkungen
Mollusca, Cephalopoda	Branchialdrüse, mesodermal	?	allgemeine Symptome nach Entfernen führen zum Tode	?	endokrine Natur fraglich
Mollusca, Gastropoda	Ovarien, mesodermal	?	Ausbildung sek. Geschlechtsmerkmale	?	endokrine Natur fraglich
Crustacea	androgene Drüse, mesodermal	♂ geschlechtsbestimmendes Hormon	Ausbildung des ♂ Geschlechts und sek. Geschlechtsmerkmale	anscheinend weitgehend unabhängig	
Crustacea	Ovarien, mesodermal	?	Ausbildung sek. ♀ Geschlechtsmerkmale	?	endokrine Natur fraglich
Insecta	androgene Drüse, mesodermal	♂ geschlechtsbestimmendes Hormon	Ausbildung des ♂ Geschlechts und sek. Geschlechtsorgane	anscheinend weitgehend unabhängig	bisher nur bei *Lampyris* sicher
Vertebrata	Schilddrüse, entodermal	Thyroxin, Trijodthyronin (Aminosäurederivat)	Stoffwechselwirkungen Regulation von Entwicklung und Differenzierung	TSH	
	Ultimobranchialkörper, entodermal	Calcitonin (Peptid)	Ca- und PO$_4$-Einbau in Knochen, Konzentration dieser Ionen im Blut	Konzentration der Ionen im Blut	bei Säugern in Schilddrüse aufgenommen
	Parathyreoidea, entodermal	Parathormon (Peptid)	Ca- und PO$_4$-Stoffwechsel	Konzentration der Ionen im Blut	Antagonist zum Calcitonin, fehlt bei Fischen
	Thymus, entodermal	?	Wachstum	?	endokrine Natur fraglich
	Pankreas, α-Zellen, entodermal	Glucagon (Peptid)	Abbau von Leberglykogen, Erhöhung des Blutzuckers	Blutzuckerspiegel	
	Pankreas, β-Zellen, entodermal	Insulin (Peptid)	Eintritt von Glucose in Zellen, Senkung des Blutzuckers	Blutzuckerspiegel	

Nebennierenrinde (Interrenalorgan), mesodermal	Aldosteron Corticosteron Cortisol (Steroide)	Regulation des Osmomineralhaushaltes, des Kohlenhydratstoffwechsels, wichtig für Adaptationsvorgänge	ACTH
Gonaden, interstitielles Gewebe, mesodermal	Androgene (♂) Oestrogene (♀) (Steroide)	Ausbildung sek. Geschlechtsmerkmale, Regulation der Gonadenzyklen	FSH, LH ⎫ ⎬ im Zusammenwirken mit Gonadotropinen Regulation des Sexualverhaltens
Gonaden, Corpus luteum, mesodermal	Progesteron (Gestagene) (Steroide)	Unterhaltung der Gravidität	LH, LT ⎭
Nebennierenmark (adrenales Gewebe) ektodermal	Noradrenalin, Adrenalin, (Aminosäurederivat)	Regulation der Blutverteilung, Abbau von Glykogen in Leber und Muskel	teils nervös, teils durch inneres Milieu direkt

Tabelle 8. Einige der wesentlichen chemisch bekannten Pheromone*.

Name	Tierart	Chemische Struktur	Wirkung
1. Pheromone, die direkt das Verhalten beeinflussen			
a) Geschlechtspheromone (Sexuallockstoffe)			
Bombykol	*Bombyx mori* ♀	$H_3C-CH_2-CH_2-CH=CH-CH=$ $CH-(CH_2)_8-CH_2OH$	
Lockstoff	*Danaus gilippus* ♂	(Struktur mit CH_3, N, O)	
Lockstoff	*Argyrotaenia velutinana* ♀	$H_3C-CH_2-CH=CH-(CH_2)_{10}-COOCH_3$	
Lockstoff	*Periplaneta americana*	H_3C CH_3 $C=C$ $C-CH_3$ H_3C C H $O-CO-CH_2-CH_3$	Abgabe von Pheromonen durch Corpora allata kontrolliert
Königinnensubstanz	*Apis mellifica* ♀	s. unten	
Lockstoff	*Bombus terrestris* ♂	2,3-Dihydro-trans-6-Farnesol	
Lockstoff	*Attagenus megatoma* ♀	$CH_3-(CH_2)_7-CH=CH-CH=$ $CH-CH_2-COOH$	aus Mandibeldrüsen der ♂
Lockstoff	*Costelytra zealandica*	$-OH$ (Phenol)	
Lockstoff	*Limonius californicus*	$H_3C-CH_2-CH_2-CH_2-COOH$	
Civeton	Zibetkatze	aliphatische Ringverbindung mit 17 C-Atomen	
Muskon	Moschustiere	aliphatische Ringverbindung mit 15 C-Atomen	

34

b) *Alarmsubstanzen*

Citral	*Atta sexdens* u.a.	$(H_3C)_2-C=CH-CH_2-CH_2-C=CH-CHO$ CH_3
—	*Apis mellifica*	Isoamylacetat
Citronellal	*Acanthomyops claviger*	$(H_3C)_2-C=$ $CH-CH_2-CH_2-CH_2-CH-CH_2-CHO$ CH_3
2-Heptanon	{ *Iridomyrmex pruinosus* *Apis mellifica* }	$H_3C-(CH_2)_4-CO-CH_3$

2. *Pheromone, die endokrine Drüsen funktionell verändern und dadurch morphogenetische und Verhaltensreaktionen auslösen*

Königinnensubstanz	*Apis mellifica*	$H_3C-CO-(CH_2)_5-CH=CH-COOH$	Unterdrückung der Gonadenentwicklung bei Arbeiterinnen (zugleich Schwarmregulation)
Königinnensubstanz (Beimischung, die Wirkung erhöht)	*Apis mellifica*	$H_3C-CHOH-(CH_2)_5-CH=$ $CH-COOH$	
Termitenkastendeterminatoren	*Kalotermes flavicollis* (♂, ♀)	?	Unterdrückt die Entwicklung von männlichen oder weiblichen Geschlechtstieren bei Pseudergates Männliche Pheromone (abgegeben beim Fehlen des ♀ fördern die Entwicklung zu ♀) auch Beeinflussung des Verhaltens
—	*Schistocerca gregaria*	?	♂ Tier produziert Substanz, die Entwicklung von ♂ und ♀ fördert (Synchronisation der Geschlechtsentwicklung)
—	Mäuse	Steroidabbauprodukte im Harn	von Männchen abgegeben, synchronisieren Ovarialzyklus der Weibchen Beeinflussung früher Gravidität

---

*) Nachweise von Sexuallockstoffen, Gefahrenalarmstoffen, Futteralarmstoffen, Spurpheromenen und allgemeinen Verständigungsstoffen bei Insekten sind so zahlreich, daß auf sie im einzelnen nicht eingegangen werden kann.

Die Beeinflussung des Verhaltens und der Entwicklung können nicht auf getrennte Substanzen zurückgeführt werden. Es gibt eine Reihe von Pheromonen, wie Sexuallockstoffe, Stoffe zur Territorial- und Spurmarkierung sowie Alarmsubstanzen, die nur Verhaltensänderungen auslösen. Aber auch diejenigen Pheromone, die morphogenetisch wirken, verändern primär oder sekundär das Verhalten.

Es ist danach schwierig, Einteilungsprinzipien für Pheromone zu finden. Eine Unterscheidung in olfaktorisch und oral wirkende Pheromone berücksichtigt nicht, daß es sich in beiden Fällen um Sinneseindrücke handelt. Ein direkter Einfluß des oral in den Körper aufgenommenen Stoffes ist nicht ausreichend. Unterscheidbar sind wahrscheinlich solche, die ohne Vermittlung endokriner Drüsen das Verhalten beeinflussen, von anderen, die die Beteiligung von Hormonsystemen benötigen. Es ist aber zweifelhaft, ob es überhaupt Pheromone gibt, die das Endokrinium unbeeinflußt lassen. Man könnte die Pheromone auch danach unterscheiden, ob sie nur das Verhalten oder mit dem Verhalten auch morphogenetische Reaktionen bewirken. Alle Einteilungen müssen als vorläufig betrachtet werden, da neue Erkenntnisse das Bild immer wieder verändern.

Die Wirkungen von Pheromonen sind vor allem bei Insekten und Säugetieren bekannt und hier auch in erster Linie untersucht worden. Alle Tiere und besonders diejenigen, die in einer Gemeinschaft leben, reagieren auf den Tod eines Artgenossen mit einer Schreckreaktion, die durch einen Alarmstoff ausgelöst wird. Der Alarmstoff besteht chemisch häufig aus Eiweißabbau-Produkten oder aus Stoffen, die sich im betreffenden Individuum in der Haut oder in anderen Organen, die mit der Außenwelt kommunizieren, befinden. Solche Reaktionen sind in den verschiedensten Tiergruppen nachgewiesen, ohne daß die chemische Natur in den meisten Fällen sicher feststeht.

Bei sozial lebenden Insekten, z.B. bei Termiten, Ameisen, Bienen, sind verschiedene Pheromone bekannt und chemisch aufgeklärt. Neben Alarmsubstanzen gibt es Stoffe, die etwa bei Ameisen die Fährte markieren und den Nachfolgern das Auffinden der Nahrungsstelle ermöglichen. Daneben sind Pheromone für die Aufrechterhaltung der Kastendifferenzierung verantwortlich, wie die Königinnensubstanz der Honigbiene und entsprechende Stoffe bei den Termiten.

Vor allem bei Schaben und Schmetterlingen sind Sexuallockstoffe nachgewiesen. Auch bei Säugetieren wurde der Einfluß von solchen geschlechtlich differenzierten Stoffen bekannt. Hier steht der Wirkstoff in Verbindung mit der Gonadenfunktion. Teilweise stellen Abbauprodukte der Androgene das Pheromon dar. Entsprechend den Fährtenstoffen der Ameisen wirken Territorialmarkierungsstoffe bei Säugern.

Einige der wesentlichsten Pheromone sind in Tabelle 8 zusammengefaßt. Entsprechend ihrer Wirkung schließen sich Abwehrstoffe eng an die Pheromone an. In der Regel wirken diese jedoch auf Individuen anderer Spezies, so daß sie unter tierischen Giften kurz erwähnt werden müssen.

2.4. Vitamine

Vitamine sind lebensnotwendige Wirkstoffe, die der Organismus nicht selbst synthetisieren kann und die deshalb von außen zugeführt werden müssen. Sie spielen fast alle eine wichtige Rolle in den zentralen Stoffwechselvorgängen jeder Zelle. Ihre Synthese durch Organismen muß daher bereits sehr früh in der Entwicklung des Lebens möglich gewesen sein. Stammesgeschichtlich gesehen zeichnen sich zwei Probleme ab:

1. Wann entstand bei den primitivsten Lebewesen die Fähigkeit, diese Wirkstoffe zu bilden, und damit die Möglichkeit, neue Stoffwechselwege zu beschreiten, und
2. wann ging die Fähigkeit zur Synthese wieder verloren, so daß Lebewesen abhängig wurden, die von anderen Organismen synthetisierten Wirkstoffe als Vitamine mit der Nahrung aufzunehmen?

Beide Probleme sind wenig untersucht. Es ist möglich, daß Vitamine, die bei der anaeroben Glykolyse wirken, z. B. Nikotinamid, früher vorhanden waren als z. B. Lactoflavin, dessen Anwesenheit für die Atmungskette notwendig ist. Von fast allen vielzelligen Tieren werden, soweit wir wissen, solche Wirkstoffe als Vitamine in der Nahrung benötigt, so daß wohl bereits sehr früh in der stammesgeschichtlichen Entwicklung vitamin-synthetisierende Enzyme verlorengegangen sein müssen. Zum Vitaminbegriff ist also der Bezug zu dem Organismus notwendig, der dieses Vitamin benötigt, denn die Synthesefähigkeit der Tiere ist unterschiedlich entwickelt.

Bei der vorliegenden Betrachtung der Vitamine muß von den Vitaminen des Menschen ausgegangen werden, weil nur für höhere Säugetiere im einzelnen wirklich bekannt ist, welche dieser Wirkstoffe nicht synthetisiert werden können.

Zur Definition der Vitamine, wie sie eingangs gegeben wurde, gehören auch Bemerkungen zur Funktion derselben. Die Mangelerscheinungen, die beim Fehlen von Vitaminen auftreten, werden bereits durch sehr geringe Mengen der Wirkstoffe wieder aufgehoben. Dies hängt damit zusammen, daß die Vitamine als Enzymwirkgruppen oder Bestandteil von Multienzymsystemen ihre Wirkung entfalten. Sehr kleine Mengen dieser Enzyme (<10 mg/Tag) genügen bereits, um den Stoffwechsel so in Gang zu halten, daß der Organismus „gesund" bleibt.

Enzyme bestehen im allgemeinen aus einer Eiweißkomponente und einer Wirkgruppe. Vitamine im engeren Sinne stellen oft die Wirkgruppe charakteristischer Enzyme und Enzymsysteme dar. Diese Definition trennt die Vitamine klar von den Vitaminoiden ab, ebenfalls essentiellen Nahrungsbestandteilen, die jedoch nicht als Enzymwirkgruppen verwendet und in größeren Mengen, etwa um 100 mg pro Tag, benötigt werden.

Vitamine stellen die prosthetischen Gruppen (genauer: Coenzyme) von zwei Kategorien von Enzymen, den Oxidoreduktasen und den Transferasen. Am Aufbau von Hydrolasen, Lyasen, Isomerasen und Ligasen sind Vitamine nicht beteiligt. Oxydoreduktasen sind Enzyme, die die Oxidoreduktion (Oxidation, Dehydrierung oder Hydrierung) zwischen einem Substratpaar katalysieren. Transferasen übertragen eine Gruppe (keinen Wasserstoff) zwischen zwei Substraten. Die beiden Enzymgruppen sind für den normalen Bau- und Betriebsstoffwechsel jeder Zelle unbedingt notwendig.

Man teilt üblicherweise die Vitamine in **wasserlösliche** und **fettlösliche** ein. Diese Einteilung spiegelt auch funktionelle Gesichtspunkte wider. Die wasserlöslichen Vitamine der B-Gruppe sind direkt Coenzyme (Wirkgruppen) von wichtigen Enzymen, die fettlöslichen wirken enzymähnlich, sind aber nicht direkt als Coenzyme zu bezeichnen.

In Tabelle 9 sind die Funktionen der wasserlöslichen Enzyme, in Tabelle 10 die der fettlöslichen zusammengestellt. Abb. 4 gibt für die einzelnen Vitamine den Angriffspunkt im Zellstoffwechsel an. Es handelt sich hierbei um den zentralen Teil des intermediären Stoffwechsels, für den Vitamine in nahezu allen aerob lebenden Zellen notwendig sind. Trotzdem zeigen sich beim Fehlen von Vitaminen spezifische Mangelerscheinungen an bestimmten Organen. Der Widerspruch zwischen allgemeinen Stoffwechselreaktionen und spezifischen Organerkrankungen läßt sich nur so erklären, daß die erkrankten Organe (Haut, Nerven etc.) diejenigen sind, an denen sich die betreffende Stoffwechselhemmung

Tabelle 9. Eigenschaften und Funktion wasserlöslicher Vitamine.

Name, Bezeichnung	Chemische Natur	Enzymatische Wirkung	Vorkommen, Synthese*	Bedarf, Mangelerscheinungen beim Menschen
Thiamin, B_1	Pyrimidin + Thiazol	Pyruvat → Acetyl-CoA Pyruvat → Acetaldehyd α-Ketoglutarat → Succinyl-CoA Transketolase (Pentosephosphatzyklus)	Pflanzen, Mikroorganismen. P, I, W	1–2 mg/Tag Neuritis, Herzinsuffizienz („Beri-Beri")
Riboflavin, B_2	Isoalloxazin + Ribose	Flavinmononucleotid (FMN) Flavin-adenin-dinucleotid (FAD) (H_2-Übertragung im Zitronensäurezyklus und der Atmungskette)	Pflanzen, Mikroorganismen, Milch. P, I, W	1–2 mg/Tag Schleimhautentzündung Hautveränderung
Nikotinamid	⟨N⟩—$CO-NH_2$	Nicotinamid-Adenin-Dinucleotid (NAD) Nicotinamid-Adenin-Dinucleotidphosphat (NADP)	Säuger, Bakterien, Pflanzen; Synthese aus Tryptophan. P, I, (W)	ca. 10 mg/Tag Hautschäden (Pellagra)
Pantothensäure, B_3	$HO-CH_2-C(CH_3)_2-$ $CHOH-CO-NH-CH_2-$ CH_2-COOH	Bestandteil des Coenzyms A	Pflanzen, Mikroorganismen. P, I, W	ca. 10 mg/Tag Wachstumsstillstand, Dermatitis
Biotin, H	CO HN NH HC—CH H_2C $CH-(CH_2)_4-COOH$ S	Acetyl-CoA + CO_2 → Malonyl-CoA Pyruvat + CO_2 → Oxalacetat (und weitere Transcarboxylierungs-Reaktionen)	Mikroorganismen, Pflanzen; Darmflora versorgt Tiere. P, I, W	1 mg/Tag Dermatitis

Folsäure, B$_{11}$	Pteridin + p-Amino-benzoesäure + Glutamin-säure	als Tetrahydrofolsäure (CoF), Bindung und Übertragung von C$_1$-Einheiten	Mikroorganismen P?, I, W	2 mg/Tag
Cobalamin, B$_{12}$	Corrinderivat (4 Pyrrolringe)	Methylmalonyl-CoA $\rightleftarrows$ Succinyl-CoA Methionin-Synthese (Eiweiß-synthese)	Bakterien P, I, W	2 µg/Tag perniziöse Anämie
Pyridoxin, B$_6$	[Strukturformel: Pyridinring mit CH$_2$OH, OH, CH$_3$, HOH$_2$C—, N]	Decarboxylierung u. Trans-aminierung von Aminosäuren Abspaltung von H$_2$O und H$_2$S von Aminosäuren Spaltung von Aminosäuren	Mikroorganismen, teils Pflanzen P, I, W	2 mg/Tag Neuritis Dermatosen Anämie

*) nicht synthetisierbar von einigen Protozoa — P, von Insekten — I, von einigen Wirbeltieren — W.

Tabelle 10. Eigenschaften und Funktion fettlöslicher Vitamine.

Name, Bezeichnung	Provitamin	Chem. Natur	Wirkungsweise	Vorkommen, Synthese*)	Bedarf, Mangelerscheinungen beim Menschen
Retinol Vit. A_1, A_2, A_3	Carotine	Isoprenabkömmling mit β-Jononring	Schutz von Thiolgruppen in Membranen strukturerhaltend an Epithelien Einfluß auf Biosynthese von Nucleinsäuren Bestandteil des Sehpurpurs	Provitamin in Pflanzen W	5000 I.E./Tag Xerophtalmie
Calciferol Vit. D_2, D_3	Cholesterin Ergosterin	Steroid (ein Ringsystem geöffnet)	Resorption von Ca^+ und PO_4^{3-}, Mineralisation der Knochen	Tiere und Pflanzen W	500—1000 I.E./Tag Rachitis
Tocopherol Vit. E (Sammelbezeichnung)	—	Tocolderivat	Redoxsystem (Atmungskette), Tocopherol $\rightleftarrows$ Tocochinon, Regulator der Membranpermeabilität	Weizenkeime, Pflanzen W	10—20 mg/Tag
Naphthochinon Vit. K_1, K_2 (Phyllochinon)	—	Naphthochinonderivate	Redoxsystem (Atmungskette) Prothrombinsynthese	Pflanzen, Bakterien I, W	1 mg/Tag Hämorrhagien

*) nicht synthetisierbar von Protozoen —P, von Insekten — I, von einigen Wirbeltieren — W.

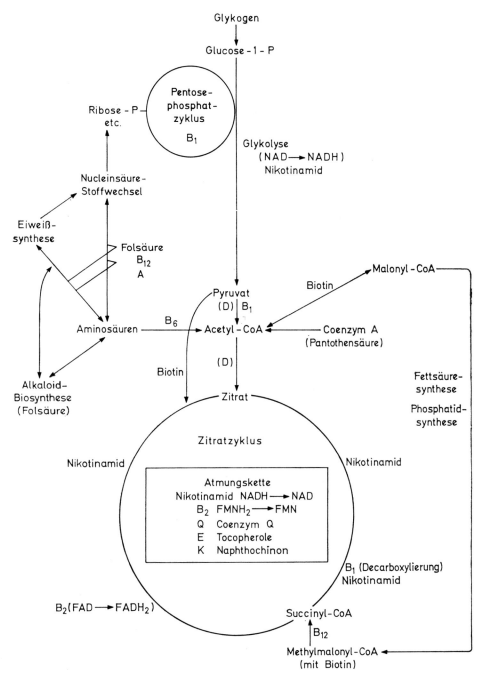

Abb. 4. Angriffspunkte der Vitamine im intermediären Stoffwechsel (Abkürzungen vgl. beigefügtes Lesezeichen).

am ehesten manifestiert. Vitamin D stellt im Schema insofern eine Ausnahme dar, als die Katalyse des Übergangs von Pyruvat zu Zitrat anscheinend nur bei der Knochenzelle beschleunigt wird.

Abb. 5 soll die Beteiligung der Vitamine am gesamten Zellgeschehen klarmachen. Die Wechselwirkung zwischen Energiestoffwechsel und Baustoffwechsel bedarf der Regulation durch die Enzyme, deren Wirkgruppen Vitamine darstellen. Die Regulation der Membranpermeabilität und die Stabilität der Membranen sind ebenfalls abhängig von Vitaminen.

Nach dieser Besprechung können wir die Vitamine nochmals zusammenfassend definieren (n. BERSIN): Es sind exogene Substanzen, die als solche oder als von ihnen abgeleitete Enzyme an biochemischen Umsetzungen im tierischen Organismus teilnehmen. Sie sind vom Organismus selbst nicht synthetisierbar und werden nur in sehr geringen

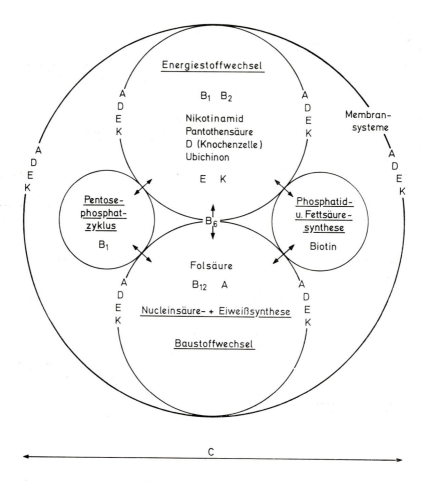

Abb. 5. Zusammenwirken der Vitamine im Zellgeschehen (Abkürzungen vgl. beigefügtes Lesezeichen).

Mengen benötigt. Mangelhafte Zufuhr oder ungenügende Umwandlung aus Vorstufen äußert sich in Entgleisungen des Stoffwechsels, die zu charakteristischen klinisch erkennbaren Symptomen führen.

2.5. Vitaminoide

Als Vitaminoide werden Wirkstoffe bezeichnet, die in einem der angegebenen Punkte der Definition der Vitamine nicht genügen. Einige Substanzen werden in größeren Mengen (50—100 mg und höher) pro Tag benötigt und deshalb „essentielle Metabolite" genannt. Diese Bezeichnung bringt sie jedoch mit den essentiellen Aminosäuren zusammen (Tabelle 11).

Zu den Vitaminoiden muß auch das **„Vitamin" C**, die Ascorbinsäure, gestellt werden. Von ihr werden 50—100 mg/Tag benötigt. Auch katalysiert sie nicht klar definierbare Reaktionen, sondern hält das Redox-Gleichgewicht an vielen Stellen im Organismus und im Zellstoffwechsel aufrecht. Beim Menschen, bei Affen und beim Meerschweinchen fehlt in der Synthesekette der Ascorbinsäure die Gulonolacton-Oxidase, so daß die endogene Synthese nicht mehr möglich ist.

Vitaminoide von Lipoidnatur sind für den Organismus wegen ihrer Beziehung zum Fettstoffwechsel von Bedeutung. Mehrfach ungesättigte Fettsäuren werden im Organismus in Prostaglandine umgewandelt, deren Aufgabe bereits in Kap. 2.1. abgehandelt wurde. Sterine sind höchstens für Insekten essentiell, da vermutet wird, daß diese das Steringerüst nicht aufbauen können. Die α-Liponsäure ist zwar Bestandteil eines wichtigen Enzymkomplexes, bisher wurde sie jedoch nur für einige Mikroorganismen als essentiell erkannt. Hier ruft ihr Fehlen Wachstumsstörungen hervor. Farnesol schützt im Tierversuch den Magen vor Ulzerationen. Es ist völlig ungeklärt, welche Mechanismen hierbei wirksam werden. Zu den Lipoiden gehören auch die Ubichinone, die chemisch dem Vitamin E nahestehen. Sie stellen einen wichtigen Faktor in der Atmungskette dar, was durch ihre Anwesenheit in den Mitochondrien bestätigt wird. Als Redoxsysteme sind sie jedoch anscheinend auch an anderen Stellen der Zelle wirksam. Der antilipämische Faktor und die lipotropen Faktoren, Cholin und Carnitin, sind für eine feinere Regulierung des Fettstoffwechsels notwendig, werden jedoch von vielen Tieren selbst gebildet und kommen in größerer Menge vor.

Eine Gruppe ist noch zu erwähnen, die meist keine essentiellen Nahrungsbestandteile enthält. Die Bioflavonoide sowie die Orot- und Pangamsäure und die Inosite sind, soweit man weiß, wenig spezifische Regulatoren des Zellstoffwechsels. Es ist zu erwarten, daß genauere Untersuchungen noch Wichtiges über ihren Wirkungsmechanismus zutage fördern werden.

2.6. Tierische Gifte

Tierische Gifte sind Produkte tierischer Organismen, die angreifende oder angegriffene Tiere und Menschen auf dem Wege pharmakologisch-toxikologischer Reaktionen oder biochemischer Umsetzungen schädigen. Aktiv giftig sind Tiere, die das wirksame Sekret durch Beißen, Stechen oder Speien an den Gegner bringen. Passiv giftige Tiere enthalten Gift in ihrem Körper und müssen verzehrt werden (NEUMANN u. HABERMANN). Die Mengen, die zur Reaktion führen, sind sehr unterschiedlich. Daher ist der Wirkstoffcharakter nicht immer gewahrt. Die chemische Zusammensetzung und die Wirkungsweise der Gifte

Tabelle 11. Eigenschaften und Funktion der Vitaminoide.

Name, Bezeichnung	Chem. Natur	Wirkungsweise	Vorkommen, Synthese	Mangel-erscheinungen
Ascorbinsäure, Vit. C	mit Kohlenhydraten verwandt	Redoxsystem Hydrierung von Folsäure Hydroxylierungsreaktionen Oxidation von NADH usw.	in grünen Pflanzen, teilweise auch Tieren nur für Menschen und wenige Tiere essentiell	Skorbut
Fettsäuren, mehrfach ungesättigt, Vit. F	Ketten von 18–20 C-Atomen	Bildung von Prostaglandinen Aufbau von Membranen	in Pflanzenfetten; Tiere oft zu Teilsynthesen befähigt	Arteriosklerose und andere allgemeine Symptome (Dermatitis etc.)
Sterine (Cholesterin)	Steroide	Aufbau von Hormonen (z. B. Ecdyson bei Insekten)	wahrscheinlich nur bei Insekten essentieller Nahrungsbestandteil	—
Liponsäure	$\text{H}_2\text{C}\overset{\text{CH}_2}{\underset{\text{S}-\text{S}}{}}\text{CH}-(\text{CH}_2)_4-\text{COOH}$	Bestandteil des Decarboxylase-systems Pyruvat → Acetyl-CoA	in allen lebenden Strukturen, Wachstumsfaktor für Mikro-organismen, wahrscheinlich f. Tiere nicht essentiell	Leberleiden ?
Farnesol	Isoprenabkömmling	?	Pflanzen, teils auch Tiere	Magengeschwüre
Ubichinon	Chinonderivat mit langer C-Seitenkette	Redoxsystem, Elektronen-übertragung in der Atmungskette	Pflanzen und Tiere, wahrscheinlich essentiell für einige Säuger	Anämie Herzkrankheiten
Antilipämischer Faktor	Dienolglucan	verringert Cholesterinkonzen-tration im Blut	weit verbreitet	Lipämie
Cholin	$\text{HOCH}_2-\text{CH}_2-\text{N(CH}_3)_3$ —OH	wichtig für Membranfunktionen	weit verbreitet; wichtiger Wuchsstoff, meist essentiell	Fettleber
Carnitin	$\text{HOOC}-\text{CH}_2-\text{CHOH}-\text{CH}_2-\text{N(CH}_3)_3\text{OH}$	beteiligt am Stoffwechsel von Fettsäuren Transport durch Mitochondrien-membran	weit verbreitet, essentiell für einige Insekten	Leistungsschwäche

Bioflavonoide (z. B. Rutin, Quercetin)	(Flavon-Struktur)	Erhöhung der Kapillarresistenz, Antihistaminicum	bei Pflanzen verbreitet	Gefäß- und Coronar-schäden
Orotsäure	OH / HO–N=N–COR	Vorstufe im Nukleinsäurestoffwechsel Wachstumsfaktor	angereichert in Hefe, Leber, Milch	Leberschäden
Pangamsäure	Glucuronsäurederivat	Aufbau von Cholin, Kreatin usw.	verbreitet	Vasokonstriktion
Inosite	zyklischer Polyalkohol	Bestandteil von Phospholipiden, wichtig für Eiweißsynthese, Mitochondrienstoffwechsel	verbreitet	Wachstumsstörungen

Tabelle 12. Übersicht der Zusammensetzung einiger Gifte.

	biogene Amine u. ähnl.	Steroide, Alkaloide, aliphat. u. aromatische Verbindungen	nicht enzymatische Polypeptide	Enzyme
Coelenteratengifte	Serotonin Hexosamin freie Aminosäuren Tetramin	?	Thalassin Congestin u.a. Polypeptide	
Molluskengifte	Histamin Octopamin Tyramin Homarin ($C_7H_7NO_2$) u.a.	?	Venerupin? Cephalotoxin Eledoisin	?
Holothuriengifte	Homarin	Holothurin		
Skorpiongifte	?	?	?	?
Spinnengifte	Histamin α-Aminobuttersäure Hydroxytryptamin	?	Buthotoxin u.a. Peptide	?
Ameisengifte	Ameisensäure Amine, Histamin	Ketone, Lactone, Aldehyde	verschiedene Polypeptide	Phospholipasen Hyaluronidasen Proteasen
			Peptide	Hyaluronidasen
Hymenopterengifte (Vespiden, Apiden)	Histamin Serotonin Acetylcholin		Melittin, Apamin (*Apis*) Kinine (Vespidae)	Phospholipasen Hyaluronidasen

Gifte und Repellentstoffe von Diplopoden, Myriapoden, Opilionen, Termiten, Schaben, Wanzen, Schmetterlingen und Käfern	Pederin, Cantharidin, Ketone, Phenole Blausäure, Aldehyde, Chinone, Hydrochinone, Steroide aliphatische Säuren	?
Fischgifte	Tetrodotoxine Ichthyosarcotoxine	Ichthyotoxica (Aal- und Welstoxine)
Anurengifte	Bufogenine (Bufotalin) Bufotoxine Pumiliotoxine Adrenalin Serotonin Oxytyramin Indolderivate (Bufotenin, Bufotenidin)	verschiedene Peptide ?
Salamandergifte	Salamandrin Tarichatoxin	Peptide
Schlangengifte		Neurotoxin } Cobra Cardiotoxin Crotamin } Klapperschlange Crotactin Phospholipasen Hyaluronidasen u. a.

sind unterschiedlich. Die meisten tierischen „Toxine" sind komplizierte Gemische aus verschiedenen Substanzen. Pharmakologische Wirksamkeit, z.B. der üblichen biogenen Amine, ist oft gepaart mit enzymatischer Wirksamkeit von Proteinen. Die pharmakologische Aktivität der tierischen Gifte äußert sich in unterschiedlichen Einflüssen. Es sind Herz-, Muskel- oder Nervengifte. Sie greifen als Cholinomimetika oder Sympathicomimetika in die Funktion des autonomen Nervensystems ein. Sie wirken als Hämolysine, Koagulantien oder blutdruckverändernde Stoffe. In vielen Fällen treten allgemeine Zellschädigungen auf. Da es sich meist um komplizierte pharmakologische Wirkungen handelt, ist es unmöglich, hier die tierischen Gifte ausführlicher zu behandeln. Tabelle 12 gibt die Zusammensetzung einiger tierischer Gifte an und zeigt den variablen Aufbau der Gemische. Oft ist die Wirkung der einzelnen Stoffe im Gemisch stark verändert.

3. Die Funktion der Wirkstoffe

Der Hauptteil des Buches über die Bedeutung der Wirkstoffe im Leben der tierischen Organismen berücksichtigt vor allem die Funktion der Hormone, Vitamine und ähnlicher Stoffe.

3.1. Einflüsse auf Morphologie und Histophysiologie der Organe

3.1.1. Wachstum und Regeneration

Bei **Coelenteraten** der Gattung *Hydra* gibt es nahe dem Hypostom, wo die stärkste Proliferation stattfindet, Nervenzellen, die neurosekretorisch tätig sind. Nach Färbung mit Paraldehyd-Fuchsin erkennt man tropfenförmige Sekrete in ihnen. Wird durch Entfernung des Kopfteils Regenerationswachstum angeregt, so vermehrt sich die Sekretmenge in diesem Abschnitt. Das hier gebildete Neurosekret enthält wahrscheinlich einen Wachstumsfaktor (BURNETT u. a.), denn eine neugebildete Knospe ist erst selbständig wachstums- und entwicklungsfähig, wenn in der Knospe neurosekretorische Zellen nachweisbar sind. Hypostom-Extrakte stimulieren Wachstum überzähliger Köpfe an jedem Stück des Körpers. Zur Zeit der sexuellen Reife vermindert sich die Aktivität der neurosekretorischen Zellen. Wird in ein sexuell reifes Tier ein Hypostom eines unreifen transplantiert, dann bilden die Hoden Knospen mit neuen Köpfen. Interstitielle Zellen, die potentiellen Gameten, werden unter Einwirkung des Wachstumsfaktors in Nesselzellen verwandelt. Daran zeigt sich, daß Neurosekret die Proliferation und Entwicklung von interstitiellen Zellen zu Körperzellen stimuliert. Wachstum und Reproduktion sind antagonistische Prozesse.

Bei dem **Turbellar** *Polycelis* regenerieren die Augen — die bei diesen Tieren in großer Zahl vorhanden sind (80—90 Stück) — nach Entfernung nur, wenn das Gehirn anwesend ist. Dieses produziert wohl im vorderen ventralen Teil ein Regenerationshormon. Extrakte aus diesem Teil, in dem sich auch neurosekretorische Zellen befinden, induzieren Augenregenerationen bei gehirnlosen Tieren. Hierbei sind lokale stoffliche Einflüsse wichtig, denn Augen entstehen nur, wo sie normalerweise vorkommen (LENDER u. a.).

Auch bei **Anneliden** beeinflußt das Nervensystem Wachstum und Regeneration. Amputierte hintere Segmente werden bei dem Polychaeten *Nereis diversicolor* während der Wachstumsphase nur regeneriert, wenn das Gehirn in seiner normalen Lage vorhanden ist. Nach Amputation der hinteren Körperregion findet man eine erhöhte Produktion von Neurosekret in bestimmten Zellen des Gehirns. Ausgewachsene Tiere können nur dann regenerieren, wenn ein juveniles Gehirn implantiert wird. Die Regulation der zu regenerierenden Segmentzahl erfolgt durch lokale Faktoren (CLARK; DURCHON).

Bei Oligochaeten sind zusätzlich hemmende Wirkungen des Gehirns auf die Regeneration bekannt geworden. Allerdings erscheint es ungewöhnlich, daß Entfernung des Gehirns Regeneration des Hinterendes fördert. Von *Enchytraeus* ist weitgehend sichergestellt, daß von den drei vorhandenen Neuronentypen (Q-, P- und U-Zellen) nur die Q- und P-Zellen die Regeneration fördern (HERLANT-MEEWIS, UDE, GERSCH u. a.).

Da bei **Insekten** und **Crustaceen** das Wachstum und die Häutung korreliert sind, stimulieren die an der Häutungsauslösung beteiligten Hormone auch das Wachstum. Das in der

Prothoraxdrüse der Insekten gebildete Ecdyson wird sowohl Häutungs- und Metamorphose-Hormon als auch Wachstums- und Differenzierungs-Hormon genannt. Die durch diese Bezeichnungen angesprochenen Prozesse können nicht voneinander getrennt werden. Im Kap. 3.1.3. wird genauer auf die Wirkung des Ecdyson bei Insekten und des entsprechenden Hormons bei Crustaceen eingegangen.

Auch zwischen dem Regenerationsprozeß und dem Häutungszyklus bestehen Beziehungen, da eine Regeneration nur mit der Häutung erfolgen kann. So können bei Insekten nur die Larven amputierte Körperanhänge regenerieren. Dies bringt mit sich, daß nur die Körperteile mit der nächsten Häutung ersetzt werden, die bis zu einem kritischen Zeitpunkt vor der Häutung verlorengegangen sind. Die durchgeführten Untersuchungen, die im wesentlichen in der operativen Entfernung endokriner Drüsen bestehen, lassen vermuten, daß die Hormone, die für die Häutung verantwortlich sind, auch die Regeneration regulieren.

Von den übrigen Wirbellosen-Gruppen ist kein direkter hormonaler Einfluß auf Wachstum und Regeneration bekannt geworden.

Bei **Wirbeltieren** unterliegt das Wachstum dem regulativen Einfluß der Adenohypophyse. Diese bildet ein Hormon, das **somatotrope Hormon (STH)**, das während der Wachstumsperiode vermehrt sezerniert wird und das Wachstum von Skelet und Muskulatur vergrößert. Allerdings gibt es kein spezielles Erfolgsorgan für das Hormon; es fördert allgemein das Wachstum. Als Testobjekt für die Wachstumsvergrößerung ist besonders der Epiphysenknorpel der Tibia geeignet, bei dem unter Einfluß von STH der Verschluß der Fuge leicht zu beobachten ist. Der Wirkungsmechanismus des Hormons hierbei ist jedoch weitgehend ungeklärt.

Die Beschleunigung des Wachstums durch STH, die zunächst nur von Säugetieren eindeutig nachgewiesen ist, zeigt sich auch in Stoffwechselveränderungen. Die Proteinsyntheserate wird erhöht, was sich in einer verminderten Stickstoffabgabe anzeigt. Verstärkte Fettsäureoxidation verringert den Fettgehalt der Gewebe. Gleichzeitig steigt auch der Blutzuckergehalt. Diese „diabetogene" Wirkung des STH wird zusätzlich mit einem direkten Einfluß auf die α-Zellen in den Pankreasinseln, der zur Freisetzung von Glucagon führt, in Verbindung gebracht.

Das STH ist ein Protein. Während das menschliche STH etwa aus 200 Aminosäuren besteht, enthält das aus Rinderhypophysen gewonnene STH pro Molekül fast 400 Aminosäuren. Auf Grund der Unterschiede ist hypophysärer Zwergwuchs beim Menschen nicht durch Rinder-STH zu beheben (LI u. a.).

Bei fast allen Wirbeltiergruppen fördert außerdem das Säuger-**Prolaktin**, ein weiteres Hormon der Adenohypophyse, das Wachstum (BERN u. a.), obwohl STH und Prolaktin als getrennte Hormone nachweisbar sind (LICHT u. NICOLL). Frosch-Kaulquappen wachsen durch Prolaktin schneller, was sich in erhöhtem Körpergewicht und der Schwanzlänge ausdrückt. Das Prolaktin stellt hierbei einen Gegenspieler des Schilddrüsenhormons dar. Es fördert larvales Wachstum und hemmt Differenzierung. Schilddrüsenhormone dagegen beschleunigen die Differenzierung und unterbinden das Wachstum. Nach den Vorstellungen von ETKIN soll während der Entwicklung zunächst eine hohe Konzentration von Prolaktin, später eine solche von Schilddrüsenhormon im Blut vorliegen (vgl. Kap. 3.1.2.; Abb. 12). Während Prolaktin der wichtigste Wachstumsfaktor der Kaulquappen ist, fördert STH, wenn es als Säuger-STH injiziert wird, das Wachstum kleiner Kröten nach der Metamorphose stärker als Prolaktin (BERN, NICOLL u. a.).

Große Bedeutung für die Regulation des Wachstums kommt dem Hypothalamus zu. Bei Säugetieren und wahrscheinlich auch bei anderen Wirbeltieren kontrolliert der Hypothalamus mit einem releasing-Faktor die Sekretion des STH aus der Adenohypophyse. Läßt man Hypothalamus-Extrakte in vitro auf Vorderlappengewebe einwirken, so wird vermehrt STH freigesetzt. Bei hypophysektomierten Tieren findet sich der Wachstumshormon-releasing-Faktor **(GRF)** im Blut in höherer Konzentration. Dies ist besonders dann der Fall, wenn die Tiere durch Insulinbehandlung hypoglykaemisch gemacht wurden, weil normalerweise durch STH (über Glucagon der Inselzellen) Glucose aus Glykogen mobilisiert wird. Injiziert man GRF in die Carotiden von Ratten, so kann man eine Minute danach bei elektronenmikroskopischer Untersuchung das Freisetzen von Granula aus den somatotropen Zellen der Adenohypophyse beobachten (Kap. 3.2.7).

Der releasing-Faktor für STH ist ein Polypeptid es besteht aus 10 Aminosäuren (Tab. 5).

Von den verschiedenen Vorderlappen-Hormonen ist Prolaktin das einzige, dessen Abgabe durch einen Faktor des Hypothalamus **(PIF)** gehemmt wird. Regulation der Prolaktin-Ausschüttung durch diesen Hemmfaktor wurde vor allen Dingen in Verbindung mit dem Sexualzyklus (Kap. 3.1.5.) gefunden. Es ist fraglich, ob Thyroxin oder thyreotropes Hormon den PIF-Gehalt des Hypothalamus verändern können. Dies ist in bezug auf den Antagonismus zwischen Thyroxin und Prolaktin während der Entwicklung der Amphibien zu vermuten. Einige Befunde bei Vögeln deuten an, daß auch ein abgabe-fördernder Hypothalamus-Stoff für Prolaktin existiert **(PRF — Prolaktin-releasing-Faktor)**.

Bei vielen Tieren ist sicher nachgewiesen, daß **Vitamine** und andere **essentielle Metabolite** Bedeutung für das Wachstum besitzen. Hierbei handelt es sich jedoch meistens nicht um spezifische Wachstumsförderung oder -hemmung, sondern um allgemeine Reaktionen, die auf Fehlregulationen durch Hypo- oder Hypervitaminose zurückgeführt werden können.

Besonders die Vitamine der B-Gruppe werden als Wachstumsfaktoren bezeichnet. Dies hat zu der Zusammenfassung dieser chemisch und funktionell unterschiedlichen Verbindungen geführt. Riboflavin (B_2) ist ein Wachstumsfaktor bei Ratten. Es wird auch von Insekten während der Wachstumsphase benötigt. Eine ausreichende Zufuhr von Biotin ist bei Insekten ebenfalls Voraussetzung für Wachstum. Für bestimmte Bakterien, Schimmelpilze und Hefen gilt p-Aminobenzoesäure, ein Bestandteil der Folsäure, als Wuchsstoff, weil diese Organismen sie nicht selbst aufbauen können. In allen Fällen ist diese Hemmung des Wachstums eine Mangelerscheinung und keine spezifische Regulationsreaktion.

3.1.2. Entwicklung und Metamorphose

Die Entwicklungsprozesse bei **Polychaeten**, die zur Ausbildung der Keimzellen führen, werden durch Neurosekretion vom Gehirn reguliert. Hierbei kommt es bei den einzelnen Spezies zu einer Umwandlung in die epitoke Geschlechtsform *(Heteronereis)* durch Umbildung hinterer Segmente, die die Hauptmenge an Keimzellen tragen. Bei *Perinereis cultrifera* und *Nereis irrorata* wurde zunächst nachgewiesen, daß humorale Faktoren aus dem Prostomium diese Entwicklung hemmen. Auch bei *Platynereis dumerilii* erfolgt diese Hemmung, was vor allem bei Implantation abgeschnittener Prostomien in das Coelom deutlich wurde. Der Einfluß des Gehirns läßt sich bei männlichen und weiblichen Tieren nachweisen (DURCHON, HAUENSCHILD u. a.).

Eine Verringerung der Hormonabgabe durch das Gehirn gegen Ende der Entwicklung löst die Umwandlungsphase aus, während der das Oozytenwachstum aufhört. Die Konzentration des Hormons in der Körperflüssigkeit ist ausschlaggebend. Hohe Hormonkonzentration ermöglicht langsames Wachstum und hemmt die Differenzierung der Oozyten. Abwesenheit des Hormons nach Entfernen des Gehirns führt zu rapidem Wachstum der Oozyten mit abnormer Vitellogenese. Ein normal abnehmender Hormontiter führt zu Oozytenwachstum mit Differenzierung.

Der Beweis für diese Vorstellung ergibt sich am deutlichsten aus Transplantationen von Köpfen in Fragmente mit unterschiedlicher Segmentzahl (HAUENSCHILD). Wird ein Prostomium derjenigen Phase, bei der die Hormonproduktion nachläßt, in ein einzelnes Segment implantiert, dann wird die Oozytendifferenzierung völlig gehemmt. Implantiert man das Prostomium dagegen in ein Fragment, das aus etwa 30 Segmenten besteht, so tritt Differenzierung (Oozytenwachstum mit Vitellogenese) ein. Dies erklärt sich am besten damit, daß im einzelnen Segment die Hormonkonzentration hoch, bei mehreren Segmenten und einem Implantat entsprechend niedriger ist. Parallel mit der Oozytendifferenzierung wird Epitokie durch niedrigen Titer an Neurosekret gefördert.

Die Regulation von Entwicklung und Metamorphose durch Hormone ist weiterhin von **Insekten** gut bekannt. Dabei ist die Entwicklung mit den Häutungsprozessen korreliert. Vergleicht man die Entwicklung verschiedener Insekten, so ist leicht zu erkennen, daß die Unterschiede in der äußeren morphologischen Gestalt zwischen den Entwicklungsstadien verschieden groß sein können. Bei Apterygoten treten zwischen den einzelnen Stadien fast keine äußeren morphologischen Unterschiede auf, wenn man von der Größe absieht. Bei hemimetabolen Insekten ähneln sich die einzelnen Stadien ebenfalls sehr stark, wenn auch z.B. die Flügel und andere äußere Merkmale sich deutlich verändern. Holometabole Insekten besitzen in Larven, Puppen und Imagines dagegen deutlich verschiedene Entwicklungsstadien.

Diese Entwicklungsprozesse bei den verschiedenen Insektengruppen werden relativ einheitlich hormonal reguliert. Neurosekret, das in der Pars intercerebralis des Vorderhirns gebildet wird, gelangt durch den axonalen Transport zu den Corpora cardiaca, paarigen Angangsorganen am Gehirn. Von hier wird ein glandotropes Hormon an die Blutbahn abgegeben, das die Prothoraxdrüse zur Abgabe des Häutungshormons, des Ecdysons, stimuliert. An die Corpora cardiaca schließt sich ein weiteres Drüsenpaar an, die Corpora allata. Auch diese endokrinen Organe sezernieren ein Hormon, das Juvenilhormon (Neotenin), das ebenfalls in die Entwicklung eingreift (Abb. 7).

Die neurosekretorischen Zellen der Pars intercerebralis können durch Kauterisierung oder durch Röntgenstrahlen ausgeschaltet werden. Auch Durchtrennung der Nerven, die zu den Corpora cardiaca führen, oder Abbinden des Gehirns mit den Corpora cardiaca ist möglich. All diese Eingriffe haben zur Folge, daß das prothoracotrope Hormon nicht zur Wirkung gelangt. Dadurch wird eine Häutung verhindert, wenn die Ausschaltung früh in der Zwischenhäutungsphase erfolgt, so daß die Stimulation der Prothoraxdrüse unterbleibt.

Histologisch kann man nach Exstirpation der neurosekretorischen Zellen erkennen, daß das Neurosekret in den Corpora cardiaca nicht mehr akkumuliert wird, da der Nachstrom fehlt. Es unterbleibt ebenfalls eine Anreicherung von gomori-positivem Material in den Corpora cardiaca, wenn die zuführenden Nerven abgebunden oder durchtrennt werden.

Der Wirkungsmechanismus des Neurohormons wird klar, wenn man in Tiere, deren neurosekretorische Zentren zerstört oder wirkungslos gemacht wurden, Gehirn normaler Tiere implantiert. Ein solches Implantat induziert Häutung und Entwicklung nur dann, wenn es über die Blutverbindung in Kontakt zur Prothoraxregion kommt. Dies beweist, daß das Gehirn lediglich einen glandotropen Faktor produziert, der erst ein anderes Drüsensystem zur Abgabe von Häutungshormon anregen muß.

Die Corpora cardiaca enthalten neben dem prothoracotropen Prinzip noch eine Reihe weiterer Hormone, auf die später eingegangen wird (3.2.1.1. und 3.2.3.1.). Diese Organe bestehen aus zwei Anteilen, die z. B. bei manchen Heuschrecken leicht voneinander zu trennen sind. Der eine Teil ist das Neurohaemalorgan, das das Neurosekret speichert und bei Bedarf abgibt. Die zweite Region der Corpora cardiaca ist drüsiger Natur und produziert selbst Hormone. Diese enge Verbindung von Neurohaemalorgan und selbständiger endokriner Drüse stellt eine charakteristische Stufe für die phylogenetische Entwicklung endokriner Drüsen dar.

Das Sekret der Prothoraxdrüse, dessen Abgabe von dem prothoracotropen Hormon induziert wird, wurde Ecdyson genannt, da es die Häutung (ecdysis) und damit den nächsten Entwicklungsschritt auslöst.

Die Prothoraxdrüse wurde zunächst bei Schmetterlingen nachgewiesen und ihre physiologische Funktion vor allem bei Seidenspinnern erkannt. Diese Drüsen entstehen im Kopf-Thorax-Bereich aus dem Ektoderm und stellen verästelte Gebilde unterschiedlicher Form und Größe dar. Sie konnten auch bei den anderen Gruppen holometaboler Insekten festgestellt werden. Bei den Dipteren existiert diese Drüse nur als Teil der Ringdrüse (des „Weismannschen Ringes"). Auch bei hemimetabolen Insekten gibt es Drüsensysteme, die den Prothoraxdrüsen entsprechen und wahrscheinlich auch homolog sind. Es sind dies vor allem die Ventraldrüsen und Pericardialdrüsen. Letztere sind endokrine Organe der Orthopteren, die in der Nähe des Dorsalgefäßes liegen. Von all diesen Organen ist bekannt, daß sie im Verlauf der Entwicklung immer größer werden und ihre Bedeutung bis zu den letzten Häutungen hin zunimmt. Im Imaginalstadium werden sie meist zurückgebildet.

Die Bedeutung dieser Organe für die Induktion der Häutung wird auch daraus klar, daß Exstirpation dieser Drüse weitere Häutungen verhindert, Reimplantation diese dann wieder stimuliert.

Diese Wirkung der Prothoraxdrüsen ist bei holometabolen Insekten, z. B. Schmetterlingen, sehr eindrucksvoll. Bei diesen führt die letzte Larvenhäutung zur Verpuppung. Implantiert man überzählige Prothoraxdrüsen in frühere Stadien, so erfolgt die Verpuppung verfrüht. Die stoffliche Natur dieser Wirkung ist leicht daran zu erkennen, daß nur in dem Teil Verpuppung einsetzt, in dem Blutversorgung vom Implantatort her möglich ist. Abgeschnürte Teile werden nicht verpuppt.

Bei Libellen, Heuschrecken und anderen hemimetabolen Insekten haben Versuche in ähnlicher Weise bewiesen, daß das Fehlen der Ventraldrüsen Dauerlarven erzeugt, erneutes Implantieren nach einer Exstirpation zur Vollendung der Metamorphose führt.

KARLSON, BUTENANDT u.a. gelang die Reindarstellung, Synthese und Strukturaufklärung des Ecdysons. Bereits 1954 haben sie kristallisiertes Häutungshormon aus Seidenspinnerraupen isoliert. Es wurde im biologischen Test an der *Calliphora*-Larve quantifiziert. Dieser wichtige Test ist folgendermaßen aufgebaut. Eine *Calliphora*-Larve im letzten Larvenstadium vor der Verpuppung wird hinter der Prothoraxregion doppelt ligaturisiert, so daß kein Ecdyson mehr in den hinteren Körperabschnitt gelangt. Die Ligaturen müssen zu einem Zeitpunkt angelegt sein, zu dem das Ecdyson noch nicht von der Drüse abgegeben wurde. Am geeignetsten ist also eine Schnürung kurz nach der letzten Larvenhäutung. Die Unterbindung des Stofftransportes verhindert die Verpuppung im hinteren Körperabschnitt, was natürlich durch eine genügende Zahl von Kontrollversuchen zu bestätigen ist. Wird in den Hinterkörper eine Ringdrüse, am besten mit Gehirn, implantiert oder vom abgeschnürten Segment her (um ein Austreten der injizierten Flüssigkeit zu verhindern) Ecdyson injiziert, dann verpuppt sich auch dieser Körperabschnitt. Bei exakter Durchführung bleibt der Teil zwischen den Ligaturen unverpuppt. Es kommt natürlich bei diesen Versuchen sehr darauf an, daß die Ligaturen den Stofftransport unterbrechen, ohne die Körperbedeckung des Tieres zu zerstören. Die Verpuppung wird im Test durch 0,01 µg Ecdyson ausgelöst, was als 1 *Calliphora*-Einheit bezeichnet wird.

Alle Ecdysone besitzen als chemischen Aufbau das Grundgerüst der Sterine. Bei Insekten sind mehrere Formen bekannt: α- oder β-Ecdyson (vielleicht identisch mit 20-Hydroxyecdyson) und Ecdysteron (vielleicht ein Stereoisomeres von β-Ecdyson).

α-Ecdyson

20-OH-Ecdyson
(β-Ecdyson, Crustecdyson)

Die geschilderten Versuche beweisen, daß das Prothoraxdrüsen-Hormon die Häutung in jedem Larvenstadium induziert, daß es besonders deutlich für die Puppenhäutung verantwortlich ist und daß seine Sekretion durch einen glandotropen Faktor, ein Gehirnhormon, induziert wird.

Der zellulare Wirkungsmechanismus des Ecdyson muß sowohl häutungs-auslösende Prozesse wie auch Differenzierungsfortschritte in der Zelle herbeiführen. Wenn es fehlt, wächst und entwickelt sich das Gewebe nicht mehr, ähnlich wie es bei der natürlichen Diapause, einer bei vielen Insekten im Jahresablauf eintretenden Entwicklungsruhe, zu bemerken ist. Ecdyson verändert also die zellulare Proteinsynthese, so daß neue Proteine gebildet werden. Dies bedeutet neue oder weitere Differenzierung. Im Gewebe der Körperbedeckung wird so die Häutung mit der Restitution der neuen Haut vollzogen. Die Veränderungen, die dabei in den Zellen zu beobachten sind, beruhen auf dem zellularen Wirkungsmechanismus des Hormonmoleküls. Da sie am besten bei der Häutung untersucht sind, sollen sie im nächsten Kapitel besprochen werden (3.1.3.).

Ein weiteres Hormon, das die Entwicklung reguliert, ist das Juvenilhormon, auch Metamorphose-Hemmungs-Hormon oder Status-quo-Hormon genannt. Es wird in den Corpora allata aller Insekten, die bisher darauf untersucht wurden, gebildet. Entfernung dieser Körperchen hemmt die Häutungen nicht. Es wird danach aber kein weiteres Larvenstadium gebildet sondern nur eine kleinere Puppe und Imago. Je früher in der Entwicklung die Corpora allata entfernt werden, um so kleiner wird die Imago, die entsteht. Wer-

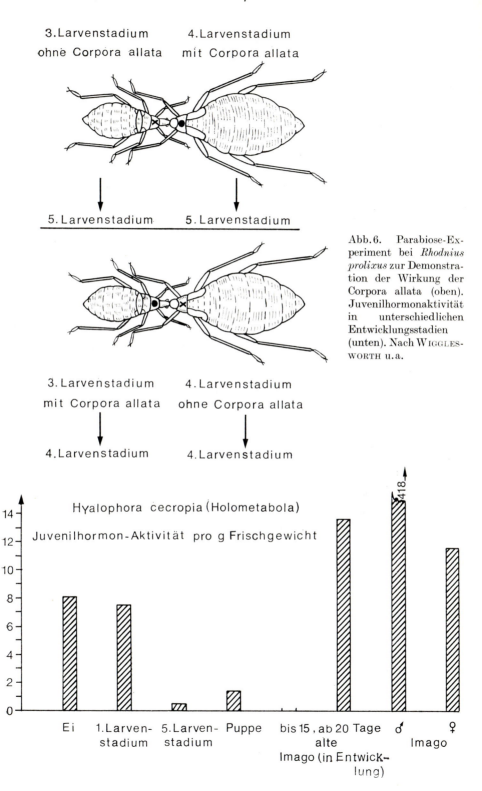

Abb. 6. Parabiose-Experiment bei *Rhodnius prolixus* zur Demonstration der Wirkung der Corpora allata (oben). Juvenilhormonaktivität in unterschiedlichen Entwicklungsstadien (unten). Nach WIGGLESWORTH u. a.

den Corpora allata in Larven implantiert, so treten zusätzliche Larvenstadien auf. Verfolgt man die Größe der Corpora allata während der Larvalentwicklung, so stellt man fest, daß das Volumen relativ zur Körpergröße abnimmt. Der histologische Aufbau verrät, daß sekretorisch tätige Zellen in einer Bindegewebskapsel liegen. Der Sekretgehalt ist variabel. Die endokrine Tätigkeit wird durch eine nervöse Verbindung (Nervus allatus) zu den Corpora cardiaca und dem Gehirn geregelt. Daneben könnte auch eine humorale Sekretionskontrolle vorliegen. Zu den Corpora allata wird anscheinend kein Neurosekret transportiert, wenn auch einige zweifelhafte Hinweise dafür vorhanden sind. Die Körperchen sezernieren meist in der ersten Phase eines Zwischenhäutungsabschnittes. Die Sekretmenge nimmt in den letzten Larvenstadien gegenüber den früheren ab, wodurch die Umwandlung zur Puppe bewirkt wird. Dies wird besonders durch morphologisch-histologische Untersuchungen belegt (Abb. 7).

Einen guten Einblick in die Wirkungsweise der Hormone, die die Entwicklung bei Insekten regulieren, vermitteln die Versuche von WIGGLESWORTH an der blutsaugenden Wanze *Rhodnius prolixus*. Hier können ähnlich wie bei siamesischen Zwillingen zwei Tiere in Parabiose gebracht werden. Entfernt man einem der Tiere die Corpora allata, dann

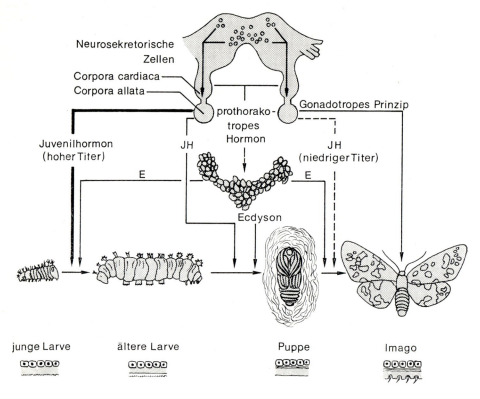

Abb. 7. Die Wirksamkeit von Hormonen bei der Insekten-Metamorphose. Nach KARLSON u.a. E = Ecdyson, JH = Juvenilhormon.
Unten: schemat. Darstellung der Veränderungen an der Haut; darüber: Metamorphosestadien der Insekten (Holometabolie).

wirkt sich der hormonale Einfluß des anderen intakten Tieres auf das operierte aus. Befinden sich die Tiere in unterschiedlichen Entwicklungsstadien, so ergibt sich nach der nächsten Häutung ein deutlicher stadienabhängiger Einfluß (Abb. 6), da die Corpora allata des 3. Larvenstadiums die Weiterentwicklung wirksamer unterdrücken als die des 4. Stadiums.

Mittels eines biologischen Testes kann bei verschiedenen Entwicklungsstadien der Titer des Blutes an Juvenilhormon festgestellt werden. Beim Schmetterling *Hyalophora cecropia* haben GILBERT und SCHNEIDERMAN die Veränderungen im Juvenilhormongehalt untersucht. Mit fortschreitender Entwicklung ist eine starke Abnahme der ausgeschütteten Hormonmenge zu beobachten (Abb. 6). Bei der Imago erhöht sich die Konzentration an Juvenilhormon wieder, was darauf hinweist, daß eine weitere Funktion dieses Hormons bei der Imago vorliegen muß (vgl. Kap. 3.1.4.1. und Abb. 7).

Die Aufklärung der chemischen Natur und der Wirkungsweise des Juvenilhormons ist erst in den letzten Jahren in ein entscheidendes Stadium getreten. Juvenilhormon, auch Neotenin genannt, wurde zum ersten Mal von WILLIAMS isoliert. Bringt man von einem fettlöslichen Extrakt aus *Hyalophora cecropia*, der in Paraffin aufgenommen werden kann, eine bestimmte Menge auf die Cuticula einer Puppe der Wachsmotte *Galleria*, dann bleibt dieser Teil der Cuticula nach der nächsten Häutung im Stadium der Puppencuticula, d. h. die sich entwickelnde Imago besitzt an der Stelle eine Puppencuticula.

Vor allem die Verwendung dieses oder ähnlicher Tests hat erkennen lassen, daß eine Reihe von Extrakten und Substanzen juvenilhormonähnliche Wirkungen entfaltet. So wurde festgestellt, daß Extrakte aus Insekten-Faeces Juvenilhormon-Aktivität besitzen (KARLSON u. SCHMIALEK). Die wirksamen Substanzen sind pflanzliche Terpene wie Farnesol, Farnesal, Farnesylmethyläther, Phytol u. a. Allerdings erwies sich hochgereinigter *Hyalophora*-Extrakt (Juvenilhormon-Aktivität von $3 \cdot 10^8$ *Galleria*-Einheiten pro g) wirksamer als die pflanzlichen Terpene (Farnesol: 10—20 *Galleria*-Einheiten pro g). Daraus wurde erkannt, daß Farnesol z. B. nicht identisch mit Juvenilhormon sein kann. Neuere Untersuchungen von RÖLLER u. a. führten zur Kenntnis der Struktur von Juvenilhormon, die der von Farnesol ähnlich ist:

$$CH_3-CH_2-\overset{\overset{\displaystyle O}{\diagup\!\diagdown}}{\underset{\underset{\displaystyle CH_3}{|}}{C}}-CH-CH_2-CH_2-\overset{\overset{\displaystyle CH_2-CH_3}{|}}{C}=CH-CH_2-CH_2-\overset{\overset{\displaystyle CH_3}{|}}{C}=CH-COOCH_3$$

Bei leichten Abweichungen der chemischen Struktur, wie sie bei manchen pflanzlichen Terpenen vorliegen, bleibt die Wirksamkeit jedoch erhalten.

Weitere Einblicke in die Wirkungsweise solcher Terpene erbrachten Untersuchungen von SLAMA und WILLIAMS: Feuerwanzen, *Pyrrhocoris apterus*, gelangen nicht zur Metamorphose, wenn sie in Gefäßen gehalten werden, die mit bestimmtem Papier belegt sind. Sie sterben über weitere zusätzliche Larvenstadien ab. Nach der Erkenntnis, daß dieses Papier hierfür verantwortlich ist, wurde ein „paper-factor" identifiziert, der in der chemischen Struktur Ähnlichkeit mit Juvenilhormon aufweist:

$$\underset{H_3C}{\overset{H_3C}{\diagdown}}CH-CH_2-\overset{\overset{\displaystyle O}{\|}}{C}-CH_2-\overset{\overset{\displaystyle CH_3}{|}}{CH}-CH\underset{\underset{\diagdown CH\diagup\!\!\!/}{CH_2}}{\overset{\diagup CH_2}{\diagdown}}\underset{C-COOCH_3}{CH_2}$$

Der „paper-factor" ist ein Terpen der Balsam-Fichte *(Abies balsamea)*, die in Amerika häufig zur Papierherstellung verwendet wird. Der Faktor wirkt sehr spezifisch auf diese eine Wanze. Andere Insekten und auch Wanzen werden nicht beeinflußt. Diese Tatsache und eine weitere Beobachtung haben Verbindungen mit Juvenilhormonwirkung als Insektizide interessant gemacht. Kommen solche wirksamen Terpene in Kontakt mit Insekteneiern, so entwickeln sich diese nicht weiter. Werden adulte Tiere mit diesen Terpenen behandelt, dann legen sie Eier, die nicht entwicklungsfähig sind. Hiermit stimmt eine Beobachtung überein, die WILLIAMS auf einer Forschungsreise im Amazonasgebiet machte. Hohe Konzentration an pflanzlichen Terpenen im Wasser verhinderte die Entwicklung bestimmter Insekten in jenen Gebieten. Die Verwendung dieser Terpene als Insektizide eröffnet ein neues Gebiet biologischer Schädlingsbekämpfung.

Die Regulation der Insektenmetamorphose und -entwicklung erfolgt also durch ein Wechselspiel von Ecdyson und Juvenilhormon, wie es in Abb. 7 wiedergegeben ist. Diese Zusammenarbeit dürfte bei allen Insektengruppen, gleichgültig ob ein Puppenstadium vorkommt oder nicht, in dieser Weise ablaufen.

Bei **Crustaceen** liegt ein ähnlicher Einfluß von Hormonen auf die Häutung und Entwicklung vor. Da hier aber die Häutung stärker im Vordergrund steht als die Entwicklungsveränderung, sollen diese Verhältnisse im nächsten Kapitel besprochen werden.

Sehr gut untersucht ist der Einfluß von Hormonen auf Entwicklung und Metamorphose

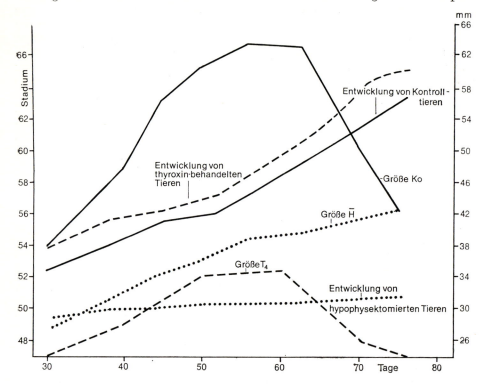

Abb. 8. Wirkung von Thyroxin (T_4)-Behandlung und Hypophysektomie ($\bar{H}$) auf Wachstum (Größe) und Entwicklung von *Xenopus*-Kaulquappen. Nach STREB. Ko Kontrolltiere.

bei **Amphibien.** Die beiden hier wirksamen Systeme bestehen aus drei Komponenten (vgl. Kap. 2.2.): dem releasing-Faktor (Thyreotropin-releasing-Faktor oder Corticotropin-releasing-Faktor), dem glandotropen Hormon der Adenohypophyse (TSH oder ACTH), dessen Ausschüttung vom releasing-Faktor reguliert wird, und den Drüsenhormonen (Thyreoidhormonen oder Corticosteroiden), die dann den wesentlichen Einfluß ausüben. Weiterhin beeinflussen die Hormone Prolaktin und STH, in Verbindung mit den releasing-Faktoren, die Umwandlung zur Adultform.

Von all diesen Hormonen verändern die Schilddrüsenhormone den Entwicklungsprozeß am augenfälligsten. Ihr Einfluß ist seit 1912, als GUDERNATSCH Schilddrüse verfütterte, gut bekannt. Diese Hormone beschleunigen die Entwicklung und können eine verfrühte Metamorphose induzieren. Hierbei wird das Wachstum der Larven gehemmt, und die Tiere bleiben kleiner als gewöhnlich (Abb. 8).

Die Wirkung von Corticosteroiden ist nur sehr schwer zu erkennen. Sie besteht im wesentlichen in der Unterstützung der Stoffwechselprozesse, die während der Metamorphose ablaufen müssen. Prolaktin und STH wirken im Wechselspiel mit Schilddrüsenhormonen, so daß ihre Wirkung im Zusammenhang mit der der Thyreoidhormone besprochen werden muß.

Die Metamorphose der beiden Gruppen von Amphibien, der Urodelen und der Anuren, weist gewisse Unterschiede auf, die sich auch in der hormonalen Regulation ausdrücken. Sie sind jedoch nicht so klar erkennbar, wie zu vermuten wäre. Aus diesem Grund können die beiden Gruppen hier zusammen behandelt werden. Der Übergang vom Wasser- zum Landleben wird im Prinzip in beiden Gruppen vollzogen.

Die wesentlichsten morphologischen Veränderungen während der Metamorphose, z. B. Ausbildung der Extremitäten, Rückbildung der Kiemen, Umbildung von Kopf, Darm und Haut, Rückbildung des Schwanzes bei Anuren usw., werden begleitet von biochemischen Veränderungen, die von den Schilddrüsenhormonen ausgelöst werden (Tabelle 13).

Überblickt man die verschiedenartigen Veränderungen während der Metamorphose, so erhebt sich die Frage, wie ein Hormon, das Thyroxin (T_4) oder Trijodthyronin (T_3) — welches bei Amphibien anscheinend hauptsächlich vorkommt — so viele Effekte hervorrufen kann. Welches sind die Wirkungsmechanismen des Schilddrüsenhormons in der Zelle, und wie kann ein Hormon so vielerlei Zelltypen beeinflussen? Es hat den Anschein, als ob Schilddrüsenhormone im Vergleich zu anderen Hormonen nicht so stark auf einen bestimmten Zelltyp spezialisiert sind.

Der Einfluß von T_3 wurde vor allem an zwei der oben erwähnten Organsysteme untersucht, der Leber und dem Schwanz der Anuren. In der Leber vollzieht sich während der Metamorphose eine deutliche metabolische Umorganisation. Eine Reihe von Schlüsselproteinen und Enzymen wird verändert. Die Enzyme des Harnstoffzyklus werden gebildet und ihre Aktivität so stark erhöht, daß Harnstoff zum wesentlichsten Exkretionsprodukt wird (COHEN u. Mitarb.). Dies stellt eine Anpassung an die terrestrische Lebensweise dar, denn die stark giftigen NH_4^+-Ionen, das Ausscheidungsprodukt von wasserlebenden Tieren, können nicht mehr schnell genug in das umgebende Wasser abtransportiert werden. Einige Proteine, wie z. B. die Zytochromoxidase, werden zu diesem Zeitpunkt ebenfalls vermehrt.

Eine genauere Untersuchung der Frage, ob Schilddrüsenhormone diese Effekte auslösen und welcher Art der zellulare Wirkungsmechanismus ist, führte zu folgenden Ergebnissen. Nach Applikation von T_3 tritt zunächst eine kurze Latenzperiode ein, in der keine Veränderungen deutlich werden. Danach läßt sich feststellen, daß vermehrt radioaktiv markierte Vorstufen in Kern-RNS und ribosomale Phospholipide eingebaut werden.

Tabelle 13. Biochemische Veränderungen in verschiedenen Organen bei der Metamorphose (n. FRIEDEN u.a.).

Gewebe, Organ	Biochem. Syst.	Veränderung	Bemerkungen zur Bedeutung der Veränderungen
1. Gesamttier	Atmung	kein Anstieg, bei einigen Arten Absinken	möglicherweise im Gefolge von Kalorienerfordernis
2. Erythrozyten	Hämoglobin	Verschwinden des Kaulquappen-Hb, Erscheinen des Frosch-Hb.	Anpassung zur O_2-Bindung
3. Serumproteine	Proteinsynthese	Induktion von Albumin-Biosynthese	möglicherweise nötig für Homeostase
4. Leber	RNS-Biosynthese	Anstieg des RNS-Stoffwechsels	Genaktivierungen durch Thyroxin
	Harnstoffproduktion	Induktion von Enzymen des Harnstoffzyklus	Übergang von Ammontelismus zum Ureotelismus
5. Schwanz	Synthese hydrolytischer lysosomaler Enzyme	Stimulation von Kathepsin, Phosphatase u.a.	führt zur Schwanzreduktion
6. Haut	Kollagen-Biosynthese	Kollagenolyse im Schwanz, Verschiebung im Kopf und Rücken	Hautverstärkung
7. Augen	Licht-sensitive Pigmente	Veränderung zu Rhodopsin	Unterdrückung der Porphyropsin-Synthese
8. Darm	Verdauungsenzyme	Verschiebung von kohlenhydrat- zu eiweißverdauenden Enzymen	pflanzenfressende Tiere werden carnivor
9. Extremitätenknospen	Eiweiße, Nukleinsäuren	Entwicklung und Wachstum von Gewebe	Bewegung an Land

Einige Zeit später ist die Aktivität der Carbamylphosphat-Synthetase, des Schlüsselenzyms des Harnstoffzyklus, und der Zytochrom-Oxidase erhöht. Schließlich findet sich neugebildetes Protein in Leber und Blut (TATA u. Mitarb., Abb. 9). Diese Veränderungen erklären den Wirkungsmechanismus des T_3 auf die Leberzelle während der Metamorphose.

Auch an der Rattenleber läßt sich nach Einwirkung von T_3 eine Folge von Veränderungen erkennen, die im Prinzip denen an der Kaulquappenleber entsprechen. Nach der Erhöhung der Syntheserate von Kern-RNS wird die RNS-Polymerase aktiviert. Sodann vermehren sich neugebildete Ribosomen im Zytoplasma. Markierte Aminosäuren werden durch die Ribosomen in das Protein eingebaut.

Der Wirkungsmechanismus von T_3 in der Zelle besteht also nicht nur in erhöhter Produktion von messenger-RNS, d.h. der Aktivierung gehemmter Gene, sondern auch der Synthese von ribosomaler RNS, wodurch die Basis für die zytoplasmatische Eiweißsynthese geschaffen wird (vgl. Kap. 3.1.3.). Dies ist der Primäreffekt. Nach einer Latenz-

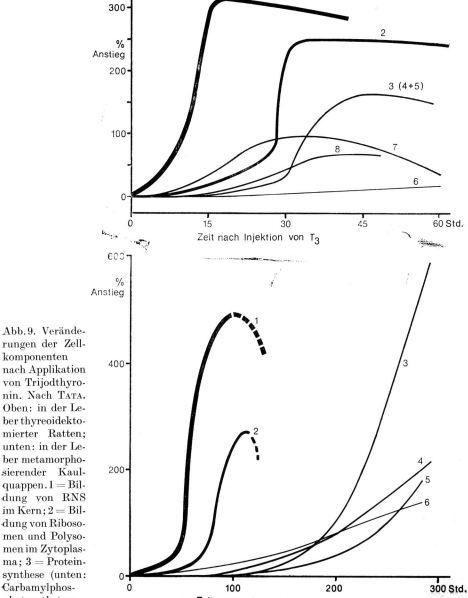

Abb. 9. Veränderungen der Zellkomponenten nach Applikation von Trijodthyronin. Nach TATA. Oben: in der Leber thyreoidektomierter Ratten; unten: in der Leber metamorphosierender Kaulquappen. 1 = Bildung von RNS im Kern; 2 = Bildung von Ribosomen und Polysomen im Zytoplasma; 3 = Proteinsynthese (unten: Carbamylphosphatsynthetase-Aktivierung); 4 = Proteinsynthese (unten: Zytochromoxidase-Aktivierung); 5 = Proteinsynthese (unten: Serumalbumin-Bildung); 6 = Bildung von Leberproteinen; 7 = Bildung von RNS-Polymerase; 8 = Verhältnis von ribosomaler RNS zu DNS.

zeit steigt sodann die Syntheserate von Proteinen im Zytoplasma an, was in Verbindung mit dem Auftreten neu gebildeter Ribosomen erfolgt. Von weiterer Bedeutung sind strukturelle Veränderungen, die durch die hormonspezifische Synthese neuer Proteine eingeleitet werden. Die Veränderungen sind vor allem durch die Bindung von Ribosomen an Membranen charakterisiert. Die Wechselbeziehungen zwischen Ribosomen und Membransystemen sind besonders bedeutungsvoll für Hormoneffekte auf Zellen, die Wachstums- oder Differenzierungstendenzen aufweisen (Abb. 10).

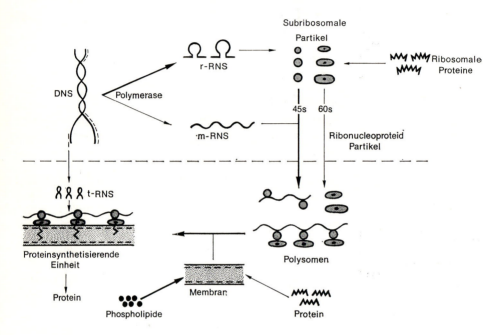

Abb. 10. Zellphysiologische Vorgänge bei der Eiweißsynthese. Nach TATA. (Zur Erklärung der Abkürzungen vgl. beigefügtes Lesezeichen.)

Der Schwanz der Anurenkaulquappen wird während der Metamorphose zurückgebildet. Erscheinungen, die denen bei der normalen Rückbildung ähnlich sind, lassen sich bei abgeschnittenen Schwänzen von Kaulquappen auch in vitro unter dem Einfluß von T_3 beobachten (WEBER u. a.). Diese Rückbildung des Gewebes bedeutet Verlust von Gewebeprotein, was durch Vermehrung lytischer Enzyme hervorgerufen wird. Diese gewebeabbauenden Enzyme werden durch T_3 aus den Lysosomen freigesetzt. Mit dem Elektronenmikroskop sind strukturelle Veränderungen der Schwanz-Lysosomen nach T_3-Einwirkung nachgewiesen worden.

Die erhöhte Enzymaktivität, die im Schwanz unter Hormoneinfluß auftritt, ist ebenfalls auf eine Aktivierung bestimmter Genzentren zurückzuführen (vgl. Kap. 3.1.3.). Hierdurch erklärt sich auch die Gewebespezifität des Hormons. Den Entwicklungsphysiologen ist schon lange bekannt, daß Augen oder Extremitäten die als Anlagen auf den Schwanz transplantiert worden waren, bei der Regression des Schwanzes nicht mit zurückgebildet werden. T_3 wirkt also nur auf Schwanzgewebe. Das beweist, daß nur im Schwanzgewebe geeignete Gene auf T_3 in der beschriebenen Weise ansprechen können. Wenn eine solche Gewebespezifität vorliegt, muß die Wirkung auf dem Gen-Niveau gesucht werden.

Während der Amphibienentwicklung ist die Schilddrüse unterschiedlich aktiv. Dies läßt sich einerseits aus morphologischen Veränderungen an follikelartig aufgebauten

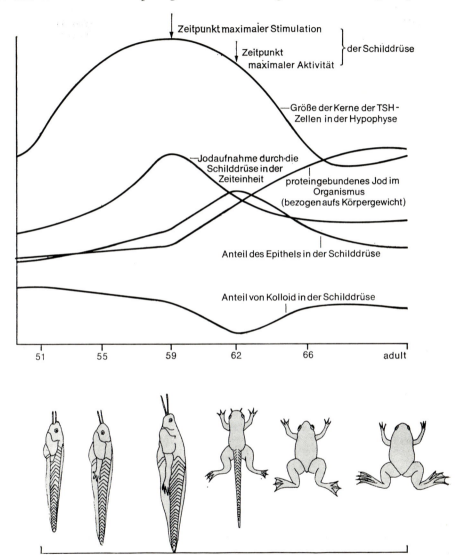

Abb. 11. Schilddrüsenfunktion während der Entwicklung. Nach SAXÉN u.a., Stadien nach NIEUWKOOP u. FABER.

Drüse erkennen, bei der die Zellen epithelartig den Kolloidraum umgeben. Andererseits liefert auch die Geschwindigkeit der Jodaufnahme und der Thyroxinsynthese ein Maß für die Aktivität der Drüse (vgl. Kap. 3.2.7.).

Bei der Anuren-Entwicklung zu Beginn der Umbildung der Körpergestalt (Beginn der Metamorphose-Climax) wird die Schilddrüsenaktivität deutlich erhöht (Vergrößerung des Epithels, Verringerung des Kolloids, Vermehrung des proteingebundenen Jods im Organismus, Verringerung des proteingebundenen Jods in der Drüse). Während der Prometamorphose wird die TSH-Ausschüttung aus der Adenohypophyse sehr vermehrt, nimmt dann aber mit Beginn der Metamorphose-Climax wieder ab. Diese Steigerung der TSH-Sekretion ist notwendig, damit die Schilddrüse auf die Periode vermehrter Hormonproduktion und -ausschüttung vorbereitet wird (Abb. 11, n. SAXEN u.a.).

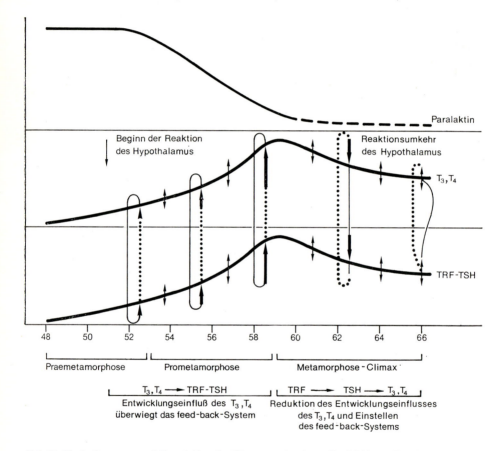

Abb. 12. Veränderungen und Regulation der Hormonspiegel von Prolaktin (= Paralaktin), T_3 und T_4, TRF — TSH bei der Amphibienmetamorphose. Nach ETKIN u.a., Stadien bei *Xenopus laevis* von 48—66. Prae- und Prometamorphose: Absinken der Prolaktinsekretion, Anstieg des TRF-TSH produziert vermehrte Sekretion von Schilddrüsenhormonen, die wiederum die vermehrte TRF-TSH-Bildung bewirken. Metamorphose-Climax: niederer Prolaktin-Spiegel. TRF-TSH und T_3, T_4 stellen sich auf regulierte Synthese und Abgabe ein (negativer feed-back).

Die Regulation der Schilddrüsenaktivität während der Entwicklung von Amphibien, bekannt vor allem durch Untersuchungen an Fröschen, wirft sehr interessante Probleme auf. Die verschiedenen Entwicklungsabschnitte sind folgendermaßen charakterisiert (vgl. Abb. 12):

Praemetamorphose: Beginn der Schilddrüsenaktivität, gesteuert durch Basalsekretion von TRF und TSH.

Prometamorphose: Erhöhung des TSH-Spiegels aktiviert die Schilddrüse, die allmählich vermehrt Hormon produziert und abgibt. Trotz T_3-Sekretion steigt die TSH-Abgabe an. Ursache der TSH-Sekretion muß Anstieg der TRF-Abgabe sein (positiver feed-back oder Wachstums- und Entwicklungsprozeß).

Metamorphose-Climax: Absinken des TSH-Spiegels führt nach maximaler T_3-Sekretion zu verminderter Ausschüttung von Schilddrüsenhormon. Damit reguliert sich das System TRF — TSH — T_3 ein (negativer feed-back).

Nach diesen Ausführungen muß angenommen werden (n. ETKIN), daß der Hypothalamus beim Übergang von der Prae- zur Prometamorphose empfindlich gegen T_3 wird und von da an in der Lage ist, die T_3-Konzentration im Blut zu erfassen und zu steuern. Nach den Befunden muß dann zunächst durch Erhöhung von TRF- und TSH-Ausschüttung fortlaufend die T_3-Produktion erhöht werden.

Während der Prometamorphose hemmt also die erhöhte T_3-Abgabe die TRF- und TSH-Sekretion nicht im Sinne eines negativen feed-back-Systems. Vielmehr muß vermehrte T_3-Ausschüttung gleichsam im Sinne einer Spirale vermehrte TRF- und TSH-Abgabe auslösen. Dies könnte man als positiven feed-back-Mechanismus bezeichnen. Wahrscheinlicher ist jedoch, daß durch Mithilfe von T_4 oder T_3 die TRF- und TSH-produzierenden Zentren vermehrt und durch Differenzierung leistungsfähiger werden. Damit bewirkt das Schilddrüsenhormon automatisch vermehrte TSH-Freigabe, wenn kein Regulationsmechanismus im Sinne eines negativen feed-back-Systems besteht (GOOS u. VAN OORDT). Mit Einsetzen der Metamorphose-Climax würde dann dieses feed-back-System vorherrschen.

In dieses Wechselspiel greift auch das Prolaktin mit ein, das bei Amphibien Wachstum fördert (ähnlich STH) und seinerseits die Produktion an Schilddrüsenhormon unterdrückt. Es ist wahrscheinlich, daß ein hoher Prolaktinspiegel im Blut von Beginn der Prometamorphose an gesenkt wird und zu Beginn der Metamorphose-Climax auf einen sehr niedrigen Wert eingestellt bleibt, da ab dann kein Wachstumseffekt mehr nachzuweisen ist.

Die Nebennierenrinde greift mit ihren Hormonen, den Corticosteroiden, in den Osmomineralhaushalt und den Kohlenhydratstoffwechsel während der Entwicklung ein und schafft auf diese Weise wesentliche Voraussetzungen für die Entwicklung. Gegen Ende der Praemetamorphose beginnt dieses endokrine Organ funktionstüchtig zu werden (etwa ab Stadium 47—50 beim Krallenfrosch). Die Aktivität liegt zunächst während Prae- und Prometamorphose relativ niedrig, steigt aber dann gegen Ende der Prometamorphose an. Die Nebennierenrinde verliert sodann in der Metamorphose-Climax an Aktivität. Diese vergrößert sich jedoch wieder gegen Ende der Metamorphose (n. LEIST u. HANKE). Als Folge der vermehrten Corticosteroidproduktion am Ende der Prometamorphose verlieren die Tiere in den folgenden Stadien Wasser.

Auf ähnliche Weise erlangen die Corticosteroide über den Kohlenhydratstoffwechsel Einfluß auf die Metamorphose. Die Veränderungen der Körpergestalt während der Metamorphose-Climax benötigen viel Energie, die durch den Abbau von Kohlenhydraten gewonnen wird. Damit Kohlenhydrate hierfür zur Verfügung stehen, muß der in der Körperflüssigkeit angebotene Zucker in höherer Quantität vorliegen, und es müssen auch Vorräte an Leber- und Muskelglykogen aufgebaut sein. Mit dem Anstieg der Corticosteroid-Produktion gegen Ende der Prometamorphose erhöhen sich der Zuckerspiegel in der Körperflüssigkeit und die Menge an Leber- und Muskelglykogen beträchtlich. Auch hieran sind wieder die Corticosteroide beteiligt, denn Injektion solcher Hormone erhöht in diesen Stadien das Angebot an Monosacchariden und die prozentuale Menge an Leber- und Muskelglykogen.

Aus diesen kurzen Angaben erkennt man, auf welche Weise die Hormone der Nebennierenrinde bei Amphibien die Metamorphose beeinflussen. Ein erhöhtes Angebot an solchen Hormonen in bestimmten Entwicklungsabschnitten ermöglicht die Einstellung eines neuen Gleichgewichtes im Wasser- und Elektrolythaushalt sowie die Einstellung des Stoffwechsels auf die neuen Energiebedingungen.

Zum Schluß dieses Kapitels sei noch kurz die Frage erörtert, zu welchem Zeitpunkt während der Amphibienentwicklung bestimmte endokrine Drüsen ihre Funktion aufnehmen. Angaben hierüber wurden von verschiedenen Anurenarten erhalten. Sie seien hier auf die Entwicklungsstadien vom Krallenfrosch, *Xenopus laevis*, übertragen. Abb. 13 macht deutlich, daß zunächst einige Adenohypophysenhormone gebildet werden. MSH, STH und Prolaktin eröffnen die Reihe. Ihnen folgen TSH und ACTH. Die Gonadotropine FSH und LH werden wahrscheinlich erst nach der Metamorphose sezerniert. Die Untersuchungen, die zu Angaben über den Funktionsbeginn der Adenohypophyse führen, sind vor allem histologische Beobachtungen über das Auftreten der Zelltypen in der Hypophyse und Verfolgen der Effekte nach Transplantation von Hypophysengewebe in hypophysektomierte Larven.

Schilddrüse und Nebennierenrinde dürften als erste vom ZNS unabhängige endokrine Drüsen funktionstüchtig werden. Wahrscheinlich erst während der Prometamorphose oder später beginnen das Inselsystem des Pankreas und der Hypophysenhinterlappen funktionstüchtig zu werden. Gonadenhormone werden sicherlich auch erst spät in der Entwicklung gebildet. Diese Angaben lassen sich aus Arbeiten von PEHLEMANN, VAN OORDT, KERR, STREB, THURMOND, HANKE und vielen anderen ableiten (vgl. Abb. 13).

3.1.3. Häutung

Bei **Nematoden**, z.B. *Phocanema decipiens*, steigern Extrakte aus der Region, die neurosekretorische Zellen enthält, die Aktivität des Enzyms Leucin-Aminopeptidase. Die alte Cuticula wird durch dieses Enzym verdaut. Hieraus kann abgeleitet werden, daß Neurosekret große Bedeutung für die Auslösung der Häutung hat.

Auf die Wichtigkeit von Hormonen für die Häutung bei **Arthropoden** wurde bereits im Kapitel 3.1.2. hingewiesen. Die Häutungsregulation ist bei **Crustaceen** vor allem von der Gruppe der Decapoden genauer bekannt. Allerdings liegen auch von anderen Gruppen Hinweise vor, daß Neurosekret an der Auslösung von Häutungsprozessen beteiligt ist. Ein Häutungszyklus bei Decapoden besteht aus dem Zwischenhäutungsstadium, der Proecdysis, der Ecdysis und der Metecdysis. Im Gegensatz zu Insekten häuten Krebse sich auch im adulten Leben. Die hormonale Regulation, von der berichtet werden soll, ist von adulten Krebsen bekannt geworden. Dasselbe Wechselspiel zwischen den Hormonen dürfte auch während der Larvalentwicklung vorliegen.

Eine Reihe physiologischer Veränderungen tritt während der verschiedenen Stadien im

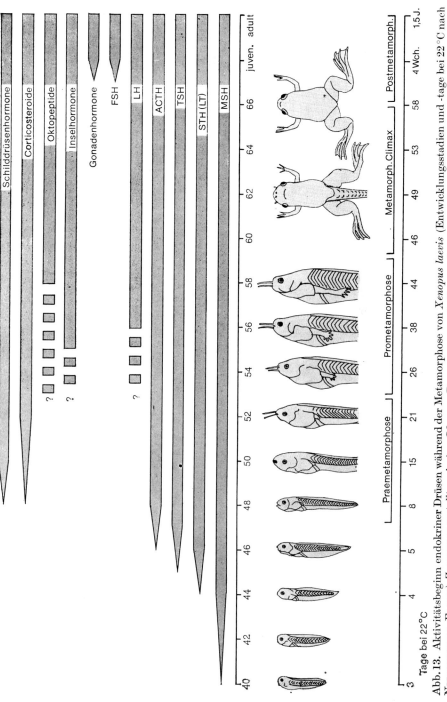

Abb. 13. Aktivitätsbeginn endokriner Drüsen während der Metamorphose von *Xenopus laevis* (Entwicklungsstadien und -tage bei 22 °C nach NIEUWKOOP u. FABER). Zusammengestellt nach einer Idee von PEHLEMANN, nach Untersuchungen von KERR, STREB, PEHLEMANN, HANKE u.a. Die Unterscheidung zweier Gonadotropine FSH und LH ist umstritten.

Häutungszyklus auf. In der Proecdysis wird Wasser aufgenommen. Der Blut-Ca-Spiegel steigt, weil Ca aus der Haut mobilisiert wird. Auch der Blutzuckergehalt verändert sich in diesem Stadium. Nach Abstoßen des alten Panzers diffundiert ebenfalls noch Wasser durch die weiche Haut. Während der Metecdysis verfestigt sich das Exoskelet durch Ca-Einlagerung. Gleichzeitig kommt es zur Vermehrung der Trockenmasse, d. h. vor allem von Protein. Der Anteil an Wasser nimmt ab.

Eine Entfernung der Augenstiele bei Crustaceen führte bei Versuchen, die bereits lange bekannt sind, zu beschleunigter Häutungsfolge. Eine eingehende Analyse ergab, daß das Entfernen der Hormonquelle während der Zwischenhäutungsphase dieses Stadium verkürzt. Die Augenstiele besitzen in den Ganglienmassen eine Anzahl neurosekretorischer Kerngruppen, sogenannte X-Organe, die ihr Neurosekret zu einem drüsenartigen Neurohaemalorgan leiten, der Sinusdrüse. Diese Sinusdrüse speichert meist nur eine kleine Menge von Neurosekret, das in den Zentren gebildet wird. Implantation des ganzen Augenstiels verzögert die nächste Häutung bei Tieren, denen die Augenstiele entfernt sind (Abb. 14 u. 29).

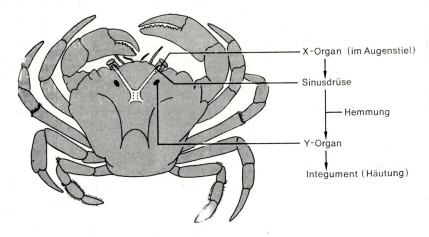

Abb. 14. Hormonsysteme der Crustaceen zur Regulation der Häutung. Nach E. Scharrer.

Das hemmende Hormon, das von diesem Teil des Zentralnervensystems gebildet wird, greift nicht direkt in den Häutungszyklus ein. Vielmehr beeinflußt es die Abgabe eines Häutungshormons, das von dem Y-Organ, einer in der Cephalothorax-Region gelegenen Drüse, sezerniert wird. Der Nachweis dafür, daß dieses Drüsensystem ein Häutungshormon bildet, wurde durch Entfernung und Reimplantation dieser Drüse geführt. Derartige Operationen sind nur wirksam, wenn sie rechtzeitig vor der Proecdysis erfolgen.

Aus den Befunden ergab sich, daß bei Crustaceen die Sinusdrüse ein Y-Organ-hemmendes Hormon sezerniert (Abb. 14). Dies steht im Gegensatz zu den Befunden bei Insekten, wo aus Neurosekret ein glandotropes, also Prothoraxdrüse-stimulierendes Hormon entsteht. Bei Insekten wird die Prothoraxdrüse, die als epitheliale Drüse dem Y-Organ vergleichbar ist, nach der Metamorphose zurückgebildet. Bei Crustaceen atrophiert diese nur bei einigen Formen, bei denen nach einer gewissen Entwicklungszeit keine Häutung mehr eintritt.

Das Ecdyson, das Häutungshormon der Insekten, induziert auch Häutung bei Crustaceen. Daraus wurde geschlossen, daß das Häutungshormon der Crustaceen chemisch dem Ecdyson verwandt sei. Es erhielt die Bezeichnung Crustecdyson. Die chemische Struktur des Crustecdysons ist aufgeklärt. Sie entspricht der des β-Ecdysons (vgl. S. 54). Daneben existiert ein Desoxycrustecdyson. Von einigen Autoren wird diskutiert, ob auch ein häutungsbeschleunigendes Prinzip vom Zentralnervensystem der Crustaceen abgegeben wird, das ebenfalls über das Y-Organ wirkt. Die Quelle eines solchen glandotropen Hormons ist bei verschiedenen Spezies in unterschiedlichen Regionen des Nervensystems zu suchen. Seine Wirkung ist jedoch keineswegs ebenso deutlich wie die des häutungshemmenden Prinzips.

Vom Augenstiel der Decapoden sind noch eine Reihe weiterer hormonaler Wirkungen bekannt geworden: ein diuretisch wirkendes Prinzip, ein diabetogenes Prinzip, farbwechselaktive Faktoren usw. Auf diese Wirkungen wird später eingegangen (Abb. 29).

Ecdyson-ähnliche Verbindungen verursachen in den Hautzellen definitive biochemische und morphologische Veränderungen, die zur Häutung führen. Der zellulare Wirkungsmechanismus ist jedoch kaum bekannt.

Bei **Insekten** weiß man mehr über den Wirkungsmechanismus des Ecdysons. Mit zytologischen Untersuchungen an den Riesenchromosomen von *Chironomus tentans* erkannten CLEVER, KARLSON u. a., daß in Verbindung mit Häutung und Metamorphose ein charakteristisches Aktivierungsmuster an diesen Chromosomen festzustellen ist. Die Riesenchromosomen dieser Zweiflügler lassen unter dem Mikroskop ein Bandenmuster erkennen. Einzelne dieser Querstreifen können verwaschen und vergrößert sein. Diese charakteristischen Veränderungen bezeichnet man als puffing-Phänomen. Puffs sind Stellen erhöhter Gen-Aktivität, wie man durch Verfolgen des Einbaus von markierten RNS-Vorstufen beweisen konnte. Der Einbau läßt vermuten, daß an diesen Stellen verstärkt RNS gebildet wird. Aus den molekularbiologischen Untersuchungen zur Eiweißsynthese in den Zellen ist weiterhin bekannt geworden, daß die Bildung einer bestimmten Form von RNS, der messenger-RNS, die Eiweißsynthese, die von diesen Genen gesteuert wird, einleitet (Abb. 15).*)

Die Bandenstruktur der Chromosomen von *Chironomus* zeigt ein gewebe- und entwicklungsspezifisches puff-Muster. In Epidermiszellen früher Larven induziert Ecdyson spezifische puffs, die für die späte Larve charakteristisch sind. Dies bedeutet, daß durch Ecdyson in der Larvenhaut früher Stadien ruhende Gene aktiviert werden, die für die Verpuppungs- und Imaginalhäutung benötigt werden. Damit wurde für ein Hormon nachgewiesen, daß es in der Zelle primär Gene aktiviert und durch die spezifische Aktivierung dieser Gene besondere Proteine in der Zelle synthetisiert werden. Diese Proteine können als Strukturproteine neue Differenzierungsformen der Zelle ergeben (Larvencuticula → Puppen- oder Imagocuticula) oder als enzymatisch wirksame Proteine neue physiologische Reaktionen der Zelle einleiten. Von der Mücke, *Chironomus thummi*, wurde z. B. von LAUFER u. Mitarb. nachgewiesen, daß die Aktivität bestimmter Enzyme des Stoffwechsels, wie Apfelsäure-dehydrogenase, Peptidasen und Esterasen, während der Meta-

---

*) Von KROEGER, LEZZI u.a. wurde nachgewiesen, daß das Puffing-Phänomen, welches nach Ecdysonbehandlung zu beobachten ist, auch nach Verschiebung des Ionenmilieus auftritt. An isolierten Chromosomen verursacht erhöhte K^+-Konzentration gleiche Effekte wie Ecdyson, das dem intakten Tier injiziert wurde. Erhöhung der Na^+-Konzentration hat gleiche Wirkung wie Juvenilhormon. Die Zusammenhänge zwischen diesen Ionenwirkungen und den Hormonwirkungen sind noch nicht zu überschauen.

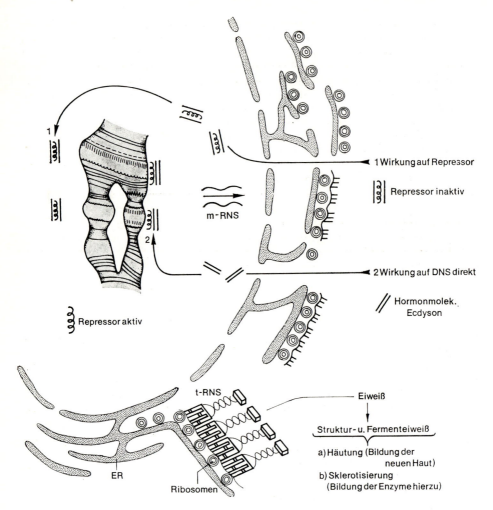

Abb. 15. Induktion von puffs und Eiweißsynthese durch Hormonmoleküle. Nach Clever, Karlson, Sekeris u.a.).
Wirkung 1: Hormonmoleküle inaktivieren Repressoren, wodurch Gene aktiviert werden; Wirkung 2: Hormonmoleküle werden direkt über Eiweiße an Genorte gebunden, was deren Aktivierung bewirkt.

morphose vom 4. Larvenstadium bis zum Vorpuppenstadium gesteigert wird. Dies zeigt, daß die Gene, die dieses Enzym bilden, im Verlauf der Metamorphose stärker aktiviert werden.

Die Steuerung der Entwicklung und der Umwandlung zur Imago bei der Larve erfolgt also durch Gene, die in einer charakteristischen Sequenz aktiviert werden. Diese Aktivierungsfolge wird durch Ecdyson hervorgerufen. Um wirksam zu werden, muß jedoch die Konzentration an Juvenilhormon immer geringer werden. Das Juvenilhormon erhält den status quo, indem es die Genaktivierung durch Ecdyson unterbindet. Direkte Beweise hierfür liegen vor (GILBERT u. LEZZI). Die Wirksamkeit des Juvenilhormons erstreckt sich allerdings nicht nur auf die Erhaltung des status quo. Vielmehr reguliert das Juvenilhormon sicherlich die Zellteilung und Differenzierungsprozesse beim Wachstum der Larve und wahrscheinlich auch bei Wundheilungsvorgängen. Diese Prozesse sind allerdings auch von anderen Faktoren (Nährstoffangebot, lokale Wirkstoffe) abhängig. Eine direkte Aktivierung von Genen ist ebenfalls nachgewiesen.

Neben diesen Genaktivierungen, die für die Umwandlung der älteren Larven spezifisch sind, wurden auch puffs nachgewiesen, die vor jeder Häutung auftreten. Schon 15 min nach der Anwendung von Ecdyson entstehen zwei puffs in jedem Larvenstadium bei *Chironomus tentans*. Eine Reihe weiterer puffs dagegen wird nur bei älteren Larven gebildet. Die puffs, die bei jeder Häutung auftreten, sind wahrscheinlich in den Zellen für die Bildung derjenigen Proteine verantwortlich, die bei jeder Häutung vorhanden sein müssen.

Für die Analyse der Genregulation durch Hormone, die bei Insekten durch die morphologisch erkennbaren Veränderungen am Chromosom günstig durchzuführen ist, ist die Beeinflussung der Eiweißsynthese durch Synthesehemmer von großer Wichtigkeit (Abb. 15). Die beiden Hauptstufen der Informationsübertragung von der DNS der Gene bis zum Proteinaufbau ergeben sich aus folgendem Schema:

$$\text{DNS} \xrightarrow{\text{Transkription}} \text{m-RNS} \xrightarrow{\text{Translation (Übersetzung)}} \text{Protein}$$

Sie lassen sich durch verschiedene Antibiotika sehr spezifisch hemmen. Die Transkription (Bildung von m-RNS) wird durch Actinomyzin D gehemmt. Aktinomyzin D verhindert auch die Synthese der übrigen Arten von RNS, ribosomaler und Transfer-RNS. Puromyzin unterbindet die Zusammenlagerung von Aminosäuren, also die Translation, indem es selbst anstelle einer Aminosäure angelagert wird. Eine weitere Gruppe dieser Antibiotika, die Mitomyzine, hemmt die Replikation der DNS, die zwar bei der Proteinsynthese direkt keine Bedeutung hat, jedoch beim Vermehrungsvorgang wichtig wird.

Um zu beweisen, daß Hormone in einer Zelle die Aktivität von Genen, d.h. spezifische Proteinsynthese, anregen, muß der Einfluß des Hormonmoleküls in Anwesenheit dieser Substanzen ausgetestet werden. Unterbleibt die Hormonwirkung in Gegenwart von Aktinomyzin D oder Puromyzin, so bedeutet dies, daß eine Genaktivierung mit Proteinsynthese an der Wirkung beteiligt ist. Dies ist für verschiedene Hormone nachgewiesen.

Auch für Ecdyson ist eine Unterbindung der Wirkung durch diese Antibiotika bekannt. Es läßt sich dies bereits aus den besprochenen Veränderungen an den Chromosomen nach Ecdyson-Einwirkung vermuten. Auch die puff-Bildung unterbleibt nach Actinomyzin D. Puromyzin dagegen hemmt die Bildung der ersten puffs nach Ecdyson-Einfluß nicht; es werden jedoch die später auftretenden puffs nicht gebildet. Dies bedeutet, daß die ersten puffs Primärwirkungen des Ecdysons darstellen. Da diese aber wegen Puromyzin-Einfluß kein Protein bilden helfen, unterbleiben die späteren Aktivierungen. Diese sind also wahrscheinlich auf die zuerst gebildeten Proteine zurückzuführen und stellen wohl Sekundärwirkungen dar (CLEVER).

Die Wirkung von Ecdyson in den Hautzellen der Insekten konnte durch Untersuchung der RNS-Fraktionen beleuchtet werden. Es gelang SEKERIS u.a. festzustellen, daß nach Einwirkung von Ecdyson eine besondere messenger-RNS gebildet wird. Diese induziert die Bildung von Dopadecarboxylase, einem Schlüsselenzym im Tyrosinstoffwechsel, das für die Synthese von N-acetyl-dopamin verantwortlich ist. Diese Substanz ist wichtig für die Sklerotisierung der larvalen Cuticula bei der Schmeißfliege *Calliphora*. Hier wird bei der Verpuppung die larvale Cuticula in eine harte braune Körperbedeckung verwandelt. Es werden dabei Chinone eingelagert, die aus Tyrosin entstehen. Dieser Prozeß spielt sich nur in der Epidermis der Larven vor der Verpuppung ab. Der direkte Effekt des Ecdysons besteht daher darin, daß Gene nach Aktivierung die messenger-RNS bilden, die das Eiweiß Dopadecarboxylase produzieren hilft.

Für die Festigung der neugebildeten Epidermis nach der Häutung zur Imago ist noch ein weiteres Hormon verantwortlich, das bei *Calliphora*, Käfern, Schmetterlingen und Heuschrecken (FRAENKEL, MILLS u. a.) nachgewiesen wurde. Das Hormon heißt **Bursicon** und wird vom Zentralnervensystem abgegeben. Es stellt wohl ein Neurosekret dar. Bei Schaben wird es anscheinend von Abdominalganglien sezerniert. Obwohl dies Hormon nur von bestimmten Teilen des Nervensystems abgegeben wird, wie Ligaturisierung dieser Körperregionen beweist, konnten aus dem gesamten Nervensystem Fraktionen isoliert werden, die Bursicon-Aktivität besitzen.

Bursicon ist ein Peptidhormon mit einem Molekulargewicht von etwa 40000. Vielleicht ist seine Bedeutung vor allem darin zu sehen, daß es zu einem Zeitpunkt wirkt, zu dem wegen Degeneration der Prothoraxdrüse kein Ecdyson mehr vorkommt.

Die Regulation des Häutungsprozesses bei **Amphibien** wird ebenfalls von Hormonen bestimmt. Bei Kröten sind die Wechselbeziehungen etwas genauer bekannt. Hier lösen anscheinend die Hormone der Nebennierenrinde Häutung aus. Hypophysektomierte Tiere, denen damit ACTH und so die Stimulation der Nebenniere fehlen, häuten nicht mehr. ACTH- oder Corticosteroidinjektionen regen wieder hierzu an. Diese Form der Regulation ist allerdings für Kröten spezifisch. Bei anderen Amphibien ist die Bedeutung des Thyroxin für die Häutung erkannt worden.

Eine Reihe von **Vitaminen** nimmt Einfluß auf die Haut der **Wirbeltiere.** Hierdurch wird zwar nicht der Prozeß der Häutung variiert, jedoch werden die Differenzierungsvorgänge in der Epidermis abgewandelt. Die eindeutigsten Ergebnisse sind nach Fehlen oder Einwirkung von Vitamin A erhalten worden. Fehlen von Vitamin A führt zur Verhornung von Epithelien, die normalerweise Schleimsubstanzen produzieren. Solche Schleimhäute, wie z. B. die Auskleidung des Dünndarms, sind nicht mehr fähig, Glykoproteide — wie sie diese Schleimsubstanzen darstellen — zu synthetisieren. Störungen des Proteinsynthese-Apparates und des Einbaus von Glucosamin sind die Ursache hierfür. Es ist noch weitgehend ungeklärt, wie Vitamin A in diese Syntheseprozesse eingreift.

Auch die Vitamine der B-Gruppe sind für die Funktion von Epithelien von großer Bedeutung. B_2-Mangel führt zu Mundschleimhautentzündungen. Fehlen von Nikotinsäure verursacht Pellagra, eine Erkrankung der Haut, bei der sich besonders an den der Sonne ausgesetzten Stellen die Haut ähnlich wie bei einer Verbrennung rötet. Vitamin B_6 ist ein Antidermatitis-Faktor. Alle diese Avitaminosen sind Manifestationen von allgemeinen Störungen des intermediären Stoffwechsels, die an der Haut deshalb besonders bevorzugt in Erscheinung treten, weil es sich dort um ein sehr stoffwechselaktives Gewebe handelt.

3.1.4. Gonadenentwicklung, Ausbildung sekundärer Geschlechtsmerkmale und Gametogenese

Die Gonadenentwicklung und die Ausbildung der sekundären Geschlechtsmerkmale stehen im allgemeinen in Verbindung mit dem somatischen Wachstum und der Differenzierung der Körperorgane. Da jedoch die Geschlechtsreife in der Regel erst nach Abschluß des Wachstumsprozesses oder nach Erreichen einer bestimmten Entwicklung einsetzt, treten auch die hormonalen Einflüsse, die die Geschlechtsreife und die Geschlechtsvorgänge regulieren, erst nach Vollendung der ersten Differenzierungsschritte in Erscheinung.

3.1.4.1. Gonadenaktivität und -entwicklung bei Wirbellosen

Das Neurosekret, das bei **Anneliden** Wachstum und Entwicklung beeinflußt, ist bei diesen Invertebraten, die noch auf einer relativ primitiven Stufe hormonaler Regulation stehen, auch verantwortlich für die Steuerung der Gonadenentwicklung. Zu Beginn der sexuellen Reife enthält die epitoke Region die Keimzellen. Diese Region löst sich vom übrigen Körper ab und schwimmt aktiv umher.

Die Gametogenese vollzieht sich bei Polychaeten im Coelom. Während der Wachstumsphase der Oozyten hemmt das Neurosekret das Wachstum und damit die gesamte Oogenese. Es fördert aber die Dotterbildung, die Vitellogenese. Letzterer Effekt wirkt sich aber natürlich nur aus, wenn die Oogenese nicht durch hohe Hormonkonzentration völlig gehemmt ist. Das Zusammenspiel beider Prozesse wird am besten von einer mittleren Hormonkonzentration gelöst. Diese Befunde wurden von HAUENSCHILD an *Platynereis dumerilii* mittels Transplantation von Köpfen in einzelne oder mehrere Segmente erhalten (vgl. Kap. 3.1.2.). Ergebnisse aus Untersuchungen an anderen Polychaeten zeigten, daß nicht überall die gleiche Form der Regulation vorliegt. Im Vergleich hierzu ist der Einfluß des Neurosekretes auf die Spermatogenese noch weitgehend unklar.

Bei Oligochaeten stimuliert das Neurosekret die Gonadenentwicklung, fördert die Ausbildung des Clitellums und die Eiablage. Dies wurde bei *Eisenia foetida* von HERLANT-MEEWIS nachgewiesen. Die Regulation bei *Eisenia* ist also sehr von der bei *Platynereis* unterschieden. Auch bei Hirudineen wird wie bei Oligochaeten die Gametogenese durch Entfernen des Gehirns gehemmt, was von HAGADORN an *Theromyzon rude* festgestellt wurde.

Bei der **Wasserschnecke** *Lymnaea stagnalis* finden sich verschiedene Gruppen von neurosekretorischen Zellen im Cerebralganglion. Diese Gruppen lassen bei histologischer Untersuchung jahresperiodische Schwankungen der Aktivität erkennen, die dem spermatogenen und oogenen Aktivitätsrhythmus parallel laufen. Hieraus wurde gefolgert, daß bestimmte Zellgruppen für die Regulation der Spermatogenese, andere für die der Ooogenese verantwortlich sind (JOOSE). Am Gehirn von *Lymnaea* liegen indessen noch die sogenannten „Dorsalkörper" (LEVER u.a.). Entfernung dieser Organe verringert die Anzahl und das Volumen der abgelegten Eier. Hier wird also wohl ein Hormon für die Regulation von Ovulation und Oogenese produziert.

Auch bei den **Muscheln** *Mytilus edulis* und *Dreissenia polymorpha* fand man im neurosekretorischen System Aktivitätszyklen, die mit den Reproduktionsperioden und der Abgabe der Gameten übereinstimmen.

Die Gonadenreife wird bei **Cephalopoden** der Gattung *Octopus* von zwei Drüsen, den optischen Drüsen, kontrolliert, die in der Nähe des Gehirns liegen. WELLS und WELLS konnten feststellen, daß diese optischen Drüsen in Verbindung mit der Gonadenreife ihre Größe deutlich verändern (Abb. 16). Beim juvenilen *Octopus* sind diese Drüsen klein und vergrößern sich mit der Reife der Gonaden. Eine vorzeitige Vergrößerung dieser Drüsen und damit beschleunigte Gonadenreife kann hervorgerufen werden, 1. wenn die Verbindung zwischen Gehirn und optischen Drüsen unterbrochen wird, 2. nach Ent-

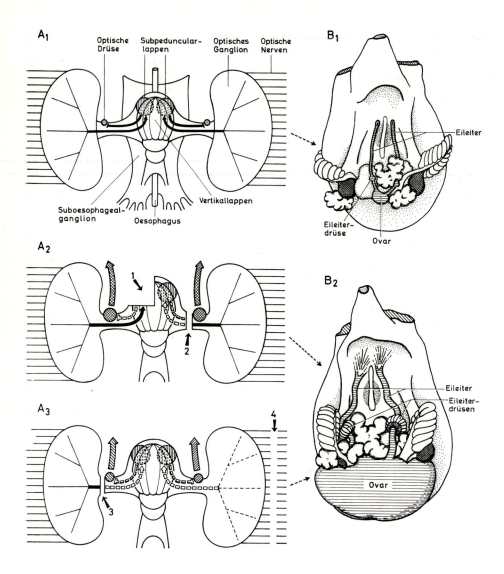

Abb. 16. Regulation des Ovarwachstums durch die optischen Drüsen bei *Octopus*.
A_1 = nervöse Hemmung der optischen Drüsen verhindert Vergrößerung des Ovars; $A_{2,3}$ = Enthemmung der optischen Drüsen durch Entfernung des Subpeduncular-Lappens (1) oder Durchtrennung der Nervenverbindung zwischen Gehirn und Drüsen (2), zwischen optischen Ganglien und Drüsen (3) oder Durchtrennung der optischen Nerven (4). All dies führt zur Vergrößerung des Ovars. Nach Wells u. Wells.

fernung der Subpeduncular-Lappen des Gehirns, 3. nach Durchtrennung der optischen Nerven, was zur Blendung der Tiere führt, und 4. nach Entfernung der optischen Loben oder Durchtrennung des Stiels zwischen diesen Loben und den optischen Drüsen. Die Ergebnisse aus diesen Versuchen machen deutlich, daß ein Zentrum in den Subpeduncular-Lappen die Gonadotropinabgabe durch die optischen Drüsen auf nervösem Weg hemmt. Dieses Zentrum selbst wird reguliert von den optischen Loben, und diese wiederum werden von den Augen beeinflußt. Lichteindrücke stimulieren über die optischen Loben die Hemmungszentren und verhindern vorzeitige Gonadenreife. Welche Mechanismen bei der einsetzenden Reife diesen Funktionsablauf allmählich abschwächen oder verändern, ist ungeklärt. Im Prinzip dürfte diese Form der Beeinflussung sowohl bei der Oozyten- als auch bei der Spermatozytenreife wirksam sein.

Bei **Crustaceen** entwickeln sich mit der Gonadenreife auch sekundäre Geschlechtsmerkmale. Vor allem die Extremitäten und Körperanhänge sind in beiden Geschlechtern oft charakteristisch verschieden. Für die Ausbildung der männlichen Geschlechtsorgane sind die paarigen androgenen Drüsen verantwortlich. Diese wurden zunächst bei dem Amphipoden *Orchestia gammarellus* entdeckt, kommen aber bei männlichen Vertretern aller höheren Crustaceen-Gruppen vor. Dort liegen sie am Ende der Vasa deferentia. Die Drüsen entwickeln sich aus dem Mesoderm. Ihre Entfernung bewirkt Umwandlung der sich entwickelnden Spermatozyten in Oozyten. Entsprechend ruft Implantation einer reifen Drüse in ein genetisch weibliches Tier die Umwandlung der Ovarien in Hoden hervor (CHARNIAUX-COTTON u. a.). Die Anregung zur Entwicklung der androgenen Drüse ist genetisch bedingt.

Für die Steuerung der sekundären Geschlechtsorgane gibt es anscheinend nur beim männlichen Tier eine spezielle Drüse. Implantation von solchen Drüsen in ovariektomierte Weibchen bewirkt dort die Ausbildung der männlichen sekundären Geschlechtsorgane, ohne daß Hoden entstehen können. Im weiblichen Geschlecht genügt das Fehlen der androgenen Drüse nicht zur Bildung der sekundären Geschlechtsorgane. Vielmehr muß hier ein Hormon, dessen Ursprung in den Ovarien zu suchen ist, die Differenzierung der Anhänge, z. B. der Oostegite bei *Orchestia*, induzieren.

Die folgende Übersicht, die aber sicher nicht in allen Gruppen gültig ist, macht die allgemeinen Gesetzmäßigkeiten nochmals klar:

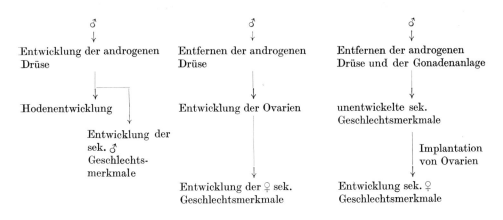

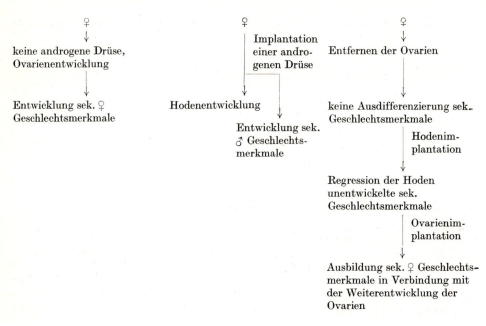

Die Gonadenaktivität wird außerdem durch Augenstielhormone kontrolliert. Entfernung des Augenstiels beschleunigt die Vitellogenese bei reifen Weibchen und beschleunigt die Spermatogenese beim unreifen männlichen Tier. Aktivitätszyklen der neurosekretorischen Zentren sind mit dem jahreszeitlichen Fortpflanzungszyklus korreliert. Die gonadotropen Wirkungen sind nicht identisch mit dem häutungshemmenden Prinzip des Augenstiels, wenn auch der Häutungszyklus die Gonadenaktivität beeinflußt. Beim männlichen Tier wirkt wahrscheinlich das Neurosekret über die androgene Drüse, denn bei *Carcinus* vergrößert sich diese androgene Drüse nach Augenstielexstirpation (DE‑MEUSY).

Folgende Wirkungsbeziehungen sind nachzuweisen:

Augenstiel beim ♂
– Extrakt → Hemmung der androgenen Drüse → Stop der Spermatogenese
– Entfernung → Vergrößerung der androgenen Drüse → Beschleunigung der Spermatogenese

Bei **Insekten** existiert ein ähnlicher Mechanismus wie bei Crustaceen. Erst vor wenigen Jahren wurde vom Glühwürmchen, *Lampyris noctiluca*, nachgewiesen, daß eine androgene Drüse — vergleichbar der bei höheren Krebsen — die Ausbildung primärer und sekundärer Geschlechtsorgane induziert (NAISSE). *Lampyris* besitzt einen starken Geschlechtsdimorphismus, der sich vor allem in der Reduktion der Flügel beim Weibchen äußert. Implantation von Hoden mit androgenen Drüsen läßt aus der weiblichen Larve ein Männchen hervorgehen, wenn vor der 7. Häutung implantiert wird. Außerdem müssen die Organe aus männlichen Larven vor dem 6. Stadium entnommen werden. Hoden und androgene Drüse aus Puppen sind weniger wirksam. Die Geschlechtsorgane von adulten

Männchen können weibliche Larven nicht mehr zu Männchen determinieren. Leider ist bisher nur bei dieser Insektengruppe die Determination des männlichen Geschlechts durch eine androgene Drüse eindeutig bewiesen.

Für die Entwicklung der Oozyten der Insekten sind die Corpora allata wichtig. In adulten Tieren produzieren sie ein Hormon, das besonders das Wachstum der Oozyten und Vitellogenese bewirkt. WIGGLESWORTH untersuchte bei der Wanze *Rhodnius prolixus* diesen Einfluß durch Abtrennen des Vorderkörpers vor oder hinter den Corpora allata, durch Implantation von männlichen und weiblichen Corpora und durch Parabiose-Experimente. Für die Eientwicklung sind nur die Corpora allata und nicht das neurosekretorische System verantwortlich. Nahrungsaufnahme stimuliert die Corpora allata zur Hormonabgabe.

Es ist unklar, ob das Corpora-allata-Hormon direkt als gonadotropes Hormon auf das Ovar einwirkt. Da dieses Hormon auch eine Reihe metabolischer Veränderungen hervorruft, könnte die Oogenese indirekt beeinflußt werden. Dies ist auch bei Hormonen der Corpora cardiaca, die z.B. die Zusammensetzung des Blutproteins verändern, sehr wahrscheinlich (vgl. Kap. 3.2.1.1.).

Bei *Schistocerca gregaria* und *Calliphora erythrocephala* hemmt die Entfernung der neurosekretorischen Zellen und damit der Ausfall des Corpora cardiaca-Hormons wesentlich stärker das Oozytenwachstum als die Allatektomie (THOMSEN, HIGHNAM u.a.). Kauterisieren der neurosekretorischen Zellen reduziert aber auch die Aktivität der Corpora allata, so daß nicht eindeutig festzustellen ist, welches dieser Hormonsysteme wirksamer ist. Einen allgemeinen Überblick liefert die folgende Zusammenstellung, wobei die verschiedenen Faktoren bei den einzelnen Gruppen unterschiedlich bedeutungsvoll sein können:

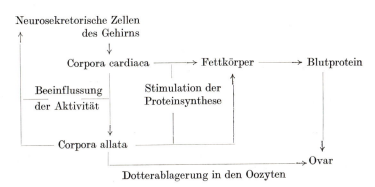

Für die Eientwicklung bei *Schistocerca* kann nach HIGHNAM sowohl der Corpora-allata-Hormon-Titer als auch der Blutproteingehalt zum begrenzenden Faktor werden. Bei normal gehaltenen Weibchen werden etwa 23% der Eier immer resorbiert. Die Vernichtungsrate an Oozyten kann vermindert werden, wenn Farnesol (Ersatz für Juvenilhormon) gegeben wird und/oder Teile der Ovarien entfernt werden. Farnesol allein senkt bereits den resorbierten Anteil auf 8%; partielle Ovariektomie erhöht für die verbleibenden Eier das verfügbare Protein und senkt die Resorptionsrate durchschnittlich um 11%. Werden weibliche Tiere allein gehalten, so werden die endokrinen Drüsen inaktiviert und in erhöhtem Maße Eier resorbiert.

Die Entwicklung akzessorischer Drüsen, die sowohl im männlichen als auch im weiblichen Geschlecht vorkommen, wird ebenfalls hormonal geregelt. Für die weiblichen akzessorischen Organe ist die Regulation bekannt. Bei *Calliphora* ist das von den Corpora allata der Imago abgegebene Hormon für die Entwicklung dieser Organe verantwortlich. Werden gerade entwickelte Weibchen ovariektomiert, bleiben die akzessorischen Drüsen unbeeinflußt. Sekretion durch die Ovarien spielt also keine Rolle bei dieser Regulation. Wahrscheinlich fördern die Corpora allata auch im männlichen Geschlecht die Entwicklung der akzessorischen Drüsen.

3.1.4.2. Gonadenaktivität und -entwicklung bei Wirbeltieren

Bei Wirbeltieren wirft die hormonale Regulation der Gonadenentwicklung, der Reproduktionszyklen und der Ausbildung sekundärer Geschlechtsmerkmale eine Fülle von Problemen auf. Am Anfang steht die Geschlechtsdifferenzierung selbst, die hormonal beeinflußbar ist. Nach der Ausbildung der Gonaden treten bei fast allen Wirbeltieren rhythmische Prozesse auf, die zum größten Teil auch mit der Umwelt korreliert sind. Dies sind einerseits zeitlich ausgedehntere Rhythmen der Gonadenaktivität überhaupt — wie jahreszeitliche Reproduktionszyklen, Brunstperioden usw. — und andererseits kurzfristige zyklische Veränderungen, wie sie durch die zeitliche Konzentration der Ei- und Spermienabgabe oder der Ovulation in Verbindung mit innerer Befruchtung auftreten. Die hormonale Regulation solcher Rhythmen ist ein wichtiges Problem der Reproduktions-Endokrinologie. Eine Reihe von Hormonen ist hierbei wirksam. Es sind dies einerseits die drei Hypophysen-Gonadotropine, das follikelstimulierende (FSH), das luteinisierende (LH) und das luteotrope (LT, Prolaktin) Hormon. Außerdem zählen hierzu die Gonadenhormone, Oestrogene und Progesteron im weiblichen Geschlecht und Androgene beim Männchen. Schließlich müssen noch einige Hormone erwähnt werden, die von akzessorischem Gewebe abgegeben werden, wie Choriongonadotropin und ähnliche.

Die Hormone, die mit der Reproduktion in Zusammenhang stehen, haben noch wichtige Aufgaben bei der Auslösung und Regulation von Verhaltensweisen zu erfüllen. Auf diese Probleme wird im Kapitel 3.2.6. einzugehen sein.

Geschlechtsdifferenzierung. Das Gonaden-Primordium bei Wirbeltieren hat bisexuelle Tendenzen. Es differenziert sich zu einem Ovar, wenn sich der Rindenanteil entwickelt, und zu einem Hoden bei bevorzugter Genese des Markanteils. Androgene und Oestrogene können die Ausbildung umkehren, unabhängig davon, daß die Entwicklung der Gonadenanlage genetisch bedingt ist. Diese Geschlechtsumwandlung bei genetisch fixierten Geschlechtern ist vor allem bei Fischen und Amphibien untersucht worden. Bei Fischen konnte man beobachten, daß in bezug auf Geschlechtsumkehr unterschiedlich „stabile" Formen vorkommen. Besonders in der Familie der Cyprinodontidae können bei einigen Formen während einer allerdings kurzen Periode Oestrogene als Gyno-Induktoren und Androgene als Andro-Induktoren wirken. Bei *Oryzias latipes* ist z.B. die Möglichkeit der Geschlechtsumkehr begrenzt auf ein Stadium zwischen 6 und 11 mm Länge des Tieres (YAMAMOTO).

Aus der Gruppe der Amphibien wurden eine Reihe von Anuren und Urodelen in dieser Richtung untersucht. Auch hier kann sowohl Andro-Induktion durch Androgene als auch Gyno-Induktion durch Oestrogene mit unterschiedlichem Erfolg hervorgerufen werden. Anscheinend besteht eine interessante Beziehung zwischen der Homogametie und der hormonal erzeugten Geschlechtsumkehr. Beim xx/xy-Typ (♀ xx; ♂ xy) erzielt das Androgen leichter die Umkehr von genetischen Weibchen (Ranidae und Hylidae). Das Oestrogen verändert dagegen nur in einem geringen Prozentsatz. Die Gyno-Induktion ist häufiger beim zz/zw-Typ (Urodelen-Typ: ♀ zw; ♂ zz) als die Andro-Induktion. Der Urodelen-Typ liegt ebenfalls bei *Xenopus* und *Pelobates* vor. Bei *Pleurodeles waltlii* können durch Aufzucht der Larven in einer Lösung von Oestradiol 100% weibliche Tiere erhalten werden. Bei den weiblichen Tieren, die genetisch männlich sind, liegen keinerlei Anzeichen von Intersexualität mehr vor. Allerdings treten hier häufig Mißbildungen in den akzessorischen Sexualorganen, z.B. dem Müllerschen Gang, auf (GALLIEN). Bei *Xenopus* konnten neben der leichten Umwandlung der genetischen Männchen auch weibliche Larven in männliche Tiere verwandelt werden. Hierbei bleiben allerdings häufig die sekundären Geschlechtsorgane feminisiert. Die Erfolge waren günstiger, wenn nicht nur mit Androgenen behandelt sondern Hoden implantiert wurden. Auf diese Weise konnten durch Geschlechtsumkehr und Kreuzungsversuche neben den normalen Geschlechtern (♂ zz und ♀ zw) vier neue Konstellationen erzielt und zur Fortpflanzung gebracht werden, nämlich ♀ zz, ♂ zw, ♀ ww und ♂ ww (WITSCHI).

Histophysiologie des Ovars. Als zweites Problem sollen der histologische Aufbau des Ovars und die histophysiologischen Grundlagen für die Sekretion der weiblichen Sexualhormone betrachtet werden. Im Ovar der **Säuger** kann man histologisch verschiedene Zellelemente unterscheiden: 1. das Keimepithel, 2. runde Follikel, die aus dem Keimepithel hervorgehen, 3. Corpora lutea, mit Zellen ausgefüllte Follikel, die aus den reifen Graafschen Follikeln nach der Ovulation entstehen, 4. interstitielles Gewebe und 5. Bindegewebe, das die Zwischenräume ausfüllt. In den runden Follikeln liegt eine große reife Eizelle, die von Granulosa-Zellen umgeben ist. Bei den nahezu reifen Graafschen Follikeln ist im Innern der größte Teil mit einer Flüssigkeit erfüllt. Die Bindegewebshülle, die um diesen Follikel liegt, besteht aus zwei Lagen, der Theca interna und externa. Degeneriert der Follikel vor der Reife, so entstehen atretische Follikel.

Oestrogene werden von den Follikeln produziert, und zwar sind hieran die Zellen der Thecen und der Granulosa beteiligt. Auch das interstitielle Gewebe wirkt mit. Progesteron entsteht in den Corpora lutea.

Aus diesen morphologischen Gegebenheiten lassen sich bereits die wesentlichen Besonderheiten des Ovarialzyklus ablesen. Vor der Ovulation während der Reifungsphase werden Oestrogene produziert. Nach der Ovulation entsteht in dem Corpus luteum Progesteron, das die sich anschließende Gravidität unterstützt. Wenn die Tiere nicht trächtig werden, beendet erneute Oestrogenbildung im nächsten Follikel die Progesteronsekretion.

Bei **Vögeln** unterscheiden sich Struktur und Physiologie des Ovars von denen der Säuger vor allem dadurch, daß keine echten Corpora lutea vorkommen. Progesteron wird sowohl vor als auch nach der Ovulation gebildet, und zwar wahrscheinlich von der Granulosa und der Theca interna des Eifollikels.

Bei den meisten **niederen Wirbeltieren** mit Ausnahme von Cyclostomen und Elasmobranchiern umgibt im Ovar ein Rindengewebe eine zentrale Höhlung. Diese Höhlung nimmt die reifen Follikel auf, die im Prinzip den Follikeln der Säuger ähneln, selbst aber meistens mit Zellen und nicht mit Flüssigkeit gefüllt sind. Die Membranen um den Follikel sind nicht so differenziert wie bei Säugern. Oft findet man nur eine Zellage, oft sind aber auch Theca und Granulosa zu unterscheiden. Die Umwandlung der Follikel in Corpora lutea nach der Ovulation findet man bei verschiedenen Gruppen, wobei allerdings kein ähnlich strenger Zusammenhang zwischen der Bildung luteinisierten Gewebes und der Progesteronsekretion besteht wie bei Säugern.

Bei **Cyclostomen** ist Progesteron im Ovar immer nachzuweisen. Post- und präovulatorisch wird Progesteron von Follikeln gebildet, die den Corpora lutea oder atretica der

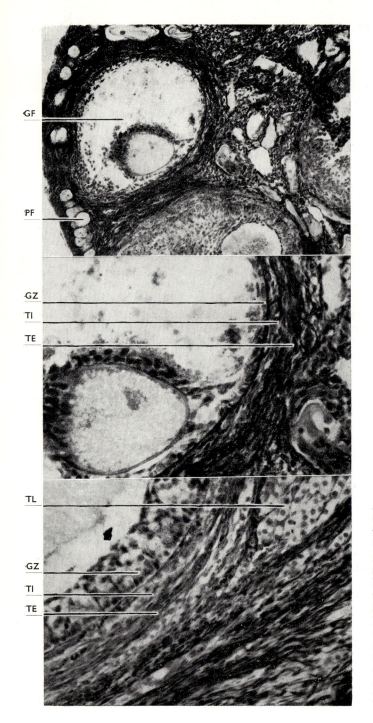

Abb. 17. Histologie des Ovars. Originalpräparate von FIEDLER.
Oben: Ovar von *Tupaia* (Vergr. ca. 125 ×), Graafscher Follikel (GF) mit beginnender Atrese; Mitte: wie oben (Vergr. ca. 320 ×); unten: Ovar der Katze (Vergr. ca. 320 ×). GZ = Granulosa-Zellen (Follikelepithel), TE = Theca externa, TI = Theca interna, TL = luteinisierte Thecazellen, PF = Primordialfollikel.

Säuger entsprechen. Die gleichen Verhältnisse findet man auch bei **Knorpelfischen**, besonders bei lebendgebärenden Arten. Bei den eierlegenden Formen soll Progesteron nur proovulatorisch gebildet werden.

Die Entwicklung des Keimes findet bei lebendgebärenden **Knochenfischen** zum größten Teil im Follikel statt, so daß keine Corpora lutea entstehen können. Sie formen sich deshalb bei diesen Arten entweder aus unbefruchteten Follikeln nach der Ovulation oder aus atretischen Follikeln. Bei eierlegenden Arten kann luteinisiertes Gewebe aus atretischen oder postovulatorischen Follikeln hervorgehen.

Die überwiegend eierlegenden **Amphibien** bilden präovulatorische Corpora lutea. Bei **Reptilien** sind Corpora lutea stets zu finden.

Die Wirkungen der weiblichen Sexualhormone. Die vom Follikel während der Eireife gebildeten Oestrogene stimulieren wahrscheinlich bei allen Wirbeltieren — eindeutige Nachweise liegen von **Vögeln** und **Säugern** vor — die akzessorischen weiblichen Geschlechtsorgane, Derivate des Müllerschen Ganges, das Ovidukt und den Uterus. Oestrogene steigern die Motilität des Oviduktes im Zusammenwirken mit Hypophysenhinterlappenhormonen. Dadurch werden die Eier transportiert. Verhornung der Vagina bei **Säugern** unterliegt ebenfalls dem Einfluß der Oestrogene. Dies führt zu den Veränderungen im Ovarialzyklus, die als Test auf Oestrogene von LONG u. EVANS bei der Ratte oder Maus ausgearbeitet wurden. Im Prooestrus wird von der Vagina kein Schleim gebildet; Oberflächenzellen mit Kernen finden sich im Ausstrich. Während des Oestrus werden kernlose verhornte Epithelzellen (Schollen) als Folge der Oestrogenproduktion freigesetzt. Schließlich treten im Metoestrus und Dioestrus Schollen mit Leukocyten und dann kernhaltige Epithelzellen im Vaginalsekret auf.

Im Rattenuterus werden nach Gaben von Oestrogenen folgende biochemische Veränderungen nachgewiesen (MUELLER): Erhöhung des Wassergehaltes, Anstieg des RNS-Gehaltes, vermehrte Proteinsynthese und letztlich zusätzliche DNS-Bildung. Damit ist gesteigerte Enzymproduktion und -aktivität verbunden. Es ergibt sich ein Wirkungsmechanismus dieser Hormongruppe auf der Basis von Genaktivierungen, wie es in den vorangegangenen Kapiteln für Thyroxin und Ecdyson bereits festgestellt wurde. Entsprechend, wie dort berichtet, unterbinden Puromyzin und Actinomyzin D die Effekte in den reagierenden Zellen.

Für die intrauterine Entwicklung der **Säuger** ist die Produktion von Progesteron notwendig, das hierfür die Bedingungen schafft und aufrechterhält. Der Aufbau der Uterusstrukturen erfolgt durch Progesteron, das auf ähnliche Weise, wie bei anderen Hormonen beschrieben, die Proteinsynthese in den entsprechenden Zellen aktiviert. Zur Unterstützung der Corpora lutea produziert daher auch das Plazentagewebe während der Schwangerschaft Progesteron. Diese luteale Phase ist für Säugetiere charakteristisch. Bei den übrigen Wirbeltieren und in seltenen Fällen auch bei Säugern ist Progesteron bereits vor der Ovulation festzustellen, teilweise auch an der Ovulationsauslösung beteiligt.

Bei Säugern wurde noch ein drittes Gonadenhormon nachgewiesen, das **Relaxin**, das auch für die Schwangerschaft von Bedeutung ist. Es ist ein wasserlösliches Polypeptid, das Erschlaffung des Pubis-Ligamentes herbeiführt. Corpora lutea und Plazenta enthalten während der Schwangerschaft sehr viel Relaxin.

Bei **Vögeln** ist die präovulatorische Progesteronsekretion für die Entwicklung und das Wachstum des Eileiters bedeutungsvoll. Hierbei wirkt Progesteron mit Oestrogenen zusammen; es muß eine bestimmte quantitative Beziehung zwischen den beiden Sexualhormonen bestehen. Beim Huhn ist Progesteron an der Auslösung der Ovulation, der Dotterbildung, der Eiweißproduktion und -sekretion, der Eiweißanlagerung an den Dotter und der Schalenbildung beteiligt. Dies spielt bei den Versuchen zur Erhöhung der Legerate und Vergrößerung der Eier eine gewisse Rolle. Das Ovidukt bildet auf Oestrogene und Gestagene hin mehr Eialbumin.

Bei **Amphibien** induziert das Sekret der Corpora lutea die Ovulation und die Sekretionstätigkeit des Eileiters, d. h. verhilft zur Bildung des Schleimmantels um die Eizellen. Bei einigen Arten wird die Eiablage auch außerhalb der Saison durch Progesteron hervorgerufen. Allerdings induzieren Gonadotropine oder Kombination von Progesteron mit Gonadotropinen die Eiablage wesentlich besser. Bei einigen lebendgebärenden Amphibienarten gibt es postovulatorische Corpora lutea, deren Progesteronsekretion Ovulationshemmung während der Gravidität veranlassen soll.

Bei **Reptilien** ist die Progesteronsekretion bei lebendgebärenden Formen besonders während der Gravidität sehr hoch. Nach Ovariektomie ist die Gravidität nicht aufrechtzuerhalten.

Ganz allgemein muß gesagt werden, daß keinerlei klare Beziehung zwischen der **Viviparität** und dem Vorkommen von Progesteron existiert. Progesteron ist vor allem während der Schwangerschaft bei lebendgebärenden Tieren notwendig, da es verhindert, daß Oestrogen die Motilität des Genitaltraktes steigert. Man findet es aber auch bei oviparen Tieren, was sich wohl aus der allgemeinen Beeinflussung der akzessorischen Geschlechtsorgane erklärt. Bei all diesen Wirkungen kommt es sehr auf das Wechselspiel mit den Oestrogenen an. Nur der oestrogenbehandelte Uterus spricht auf Progesteron an.

Ovarialzyklen. An der Regulation der Ovarialzyklen sind noch Gonadotropine beteiligt. Bei höheren Wirbeltieren besteht ein solcher Ovarialzyklus aus den Phasen des Follikelwachstums, der Ovulation und der Corpus-luteum-Bildung (Oestruszyklus). Dieser Oestruszyklus kann während der Brutzeit einmal oder mehrmals ablaufen. Bei niederen Wirbeltieren mit Oviparität tritt vielfach an Stelle der Corpus-luteum-Bildung eine postovulatorische Erholungsphase. Hier lassen sich prinzipiell drei Fälle der Eireifung unterscheiden:

1. alle Eier werden gleichzeitig reif und abgelegt, die Tiere sterben im Anschluß hieran (bei Lachsen der Gattung *Oncorhynchus*)
2. Reifung und Ablage der Eier erfolgt in Gruppen; die Tiere überleben mehrere Brutzeiten (normaler Ablauf bei vielen Fischen und Amphibien)
3. die Eier werden zu unterschiedlichen Zeitpunkten reif; die Tiere haben eine langdauernde Brutzeit mit mehrfacher Eiablage.

Man kann allgemein drei verschiedene Entwicklungsprozesse unterscheiden:
    a) der Entwicklungsablauf bis zur Ovulation
    b) die jahreszyklische saisonabhängige Entwicklung
    c) die Oestruszyklen vor allem der höheren Wirbeltiere.

Die hormonale Regulation dieser Entwicklungsprozesse erfolgt zunächst durch die Gonadotropine FSH und LH, die von der Hypophyse abgegeben werden. Oogenese und Vitellogenese sind bei **niederen Wirbeltieren** eindeutig durch Hypophysenextrakt der betreffenden Spezies zu beschleunigen. Beim Stichling wurde entdeckt, daß von den Säugerhormonen FSH und LH (auch Choriongonadotropin und Serumgonadotropin wurden getestet) vornehmlich nur LH das Oozytenwachstum und die Vitellogenese vorantreibt. Die übrigen Gonadotropine waren wesentlich weniger wirksam. Bei Amphibien und höheren Wirbeltieren dagegen wird das Oozytenwachstum vor allem durch FSH stimuliert. Es gibt Hinweise dafür, daß bei niederen Wirbeltieren nur ein hypophysäres Gonadotropin vorkommt.

Nach Beendigung des Oozytenwachstums kommt es zur Ovulation, die ebenfalls durch Gonadotropine ausgelöst wird. Bei **Fischen** und **Amphibien** ist hierbei homologer Hypophysenextrakt am wirksamsten. Die Ovulation wird aber auch durch Extrakte anderer Spezies und Gruppen induziert. Viele Untersuchungen an niederen Wirbeltieren über die Wirkung von FSH und LH auf die Ovulation führten zu widersprüchlichen Resultaten. Mit FSH allein konnte nur in einigen wenigen Fällen Ovulation ausgelöst werden, wobei Verunreinigungen noch eine Rolle spielen können. Dagegen wirken anscheinend LH und auch Säuger-Choriongonadotropin, dessen Wirkung LH-ähnlich ist, bei vielen Arten ovulationsauslösend.

Hiermit ist jedoch für viele niedere Wirbeltiere noch ungeklärt, auf welche Weise eine jahreszeitlich unterschiedliche oder vom Reifungszustand abhängige Auslösewirkung für die Ovulation erzielt wird. Nach einer Hypothese von WRIGHT, BARR u. a. soll der Spiegel von NAD (Nikotinsäureamid-haltiges Coenzym) auf die Auslösung der Ovulation Einfluß nehmen. In der reifen Oozyte liegt eine relativ hohe Konzentration hiervon vor.

Die Fortpflanzung hängt bei fast **allen Wirbeltieren** stark von der Jahreszeit und den klimatischen Bedingungen ab. Photoperiodik und Temperatur sind gewöhnlich die Faktoren aus der Umwelt, die über Hypothalamus und Hypophyse wirksam werden. Die gonadotrope Aktivität der Hypophyse läßt sich durch Untersuchung der Zelltypen, wie auch durch Nachweis des Hormongehaltes selbst, bestimmen.

So wurde bei fast allen Gruppen gefunden, daß nach der Laich- oder Fortpflanzungsperiode der Gehalt der Hypophyse an Gonadotropinen sehr niedrig ist. Bestimmte Zeitgeber (Verlängerung der Lichtdauer, Erhöhung der Temperatur, Regenfälle, vor allen Dingen in tropischen Gebieten) induzieren über den Hypothalamus eine Erhöhung der Gonadotropin-Aktivität. Diese Zeitgeber werden nur zu bestimmten Jahreszeiten, meist wenige Monate vor der Brutzeit, wirksam. Davor liegt eine Refraktärperiode, die verhindert, daß Zeitgeber Ovulationen auslösen können. Diese Folge von Brutperiode, Nachbrutzeit, Refraktärperiode, Vorbereitungs- und Stimulationsphase findet sich bei den meisten freilebenden Formen. Der Jahresrhythmus ist bei **Vögeln** sehr gut untersucht (FARNER, WOLFSON u. a.), bei Amphibien im Prinzip bekannt (VAN OORDT u. a.) und auch bei Fischen in einer Reihe von Arbeiten beschrieben (HOAR, PICKFORD, DODD u. a.). Am interessantesten ist sicherlich der Mechanismus der Refraktärperiode, in der das feedback-System im Hypothalamus und der Hypophyse, welches eigentlich auf Abnahme der Konzentration peripher produzierter Hormone ansprechen müßte, abgeschaltet ist.

Eine unnatürliche Form des Zeitgebers kann zu einer „physiologischen Hypophysektomie" führen. Überangebot an Licht oder zu geringer Lichtgenuß, manchmal auch zu hohe Temperatur, führen dazu, daß die Hypophyse kein Hormon oder ungenügende Mengen an Hormon produziert. Dies gilt besonders für die Gonadotropine.

Der Oestruszyklus der **Säugetiere** wird durch die Sekretionsfolge der Gonadotropine FSH, LH und LT reguliert. Der Zyklus wird eingeleitet durch basale Sekretion von FSH, wodurch — wie schon ausgeführt — das Heranwachsen und Reifen der Follikel gefördert wird. Nach dieser Vorbereitung induziert vor allen Dingen LH die Oestrogensekretion und die Ovulation. Ein spezifisches Zusammenwirken von FSH und LH dürfte für die Ovulation maßgebend sein. Wenn der LH-Spiegel im Blut plötzlich ansteigt, werden die Eier aus reifen Follikeln freigesetzt. Geht erhöhte FSH-Konzentration im Blut voraus, dann kann es gleichzeitig zu einer größeren Zahl von Ovulationen kommen, weil eine höhere Zahl reifer Eier vorliegt.

Vor der Ovulation steigert sich auf Grund der FSH- und LH-Einwirkung die Sekretion von Oestrogenen. Diese üben einen Rückkopplungs-Effekt über den Hypothalamus auf die

Hypophyse aus, wodurch die FSH-Produktion reduziert wird (negativer feed-back) und die LH-Abgabe ansteigt (positiver feed-back). Dies bewirkt Ovulation, Luteinisierung des Restkörpers und damit die Progesteron-Bildung. Danach wird LT abgegeben. Seine Sekretion durch die Hypophyse (PIF — LT) wird zunächst durch Oestrogene angeregt, dann aber durch Progesteron gehemmt (negativer feed-back), wodurch ein bestimmter LT-Spiegel einreguliert wird. Dieser sinkt erst wieder gegen Ende des Zyklus ab, wenn auch die Progesteron-Bildung reduziert wird. Mit der Regression des Corpus luteum verändert sich also der Regulationsmechanismus; verringerte Progesteron-Sekretion geht dann mit einem Abfall der LT-Abgabe einher. Dies ist nur der Fall, wenn keine Gravidität eintritt und ein neuer Zyklus anfängt. Bei Schwangerschaft bleiben die LT- und Progesteronsekretion bestehen (Abb. 18).

Aus diesen kurzen Bemerkungen ergibt sich bereits, daß während eines solchen Zyklus der Regulationsmechanismus im Hypothalamus mehrfach geändert werden muß. Negativer und positiver feed-back, d. h. Drosselung oder Steigerung der Hormonproduktion in der Hypophyse durch ein bestimmtes Hormon im Blut, wechseln miteinander ab. Nur durch einen solchen Wechsel läßt sich ein Zyklus erklären. Der Wirkungsmechanismus und die Reaktionsfolge im Hypothalamus sind hierzu bisher noch unbekannt.

Diese beschriebene Art des Oestruszyklus läuft bei manchen Formen nur einmal ab (Fuchs). Oft sind während einer bestimmten Brutzeit oder das ganze Jahr über mehrere Zyklen hintereinander geschaltet. Die Ovulation kann spontan erfolgen, d. h. nur durch die Mechanismen im Organismus ausgelöst werden. Bei anderen Formen (Kaninchen) löst ein Coitus die hormonelle Induktion der Ovulation aus. Die Grenze zwischen diesen beiden Möglichkeiten ist oft nicht exakt, denn auch bei spontanen Ovulatoren kann ein äußerer Reiz Ovulation bewirken.

Die Lutealphase ist häufig nur sehr kurz (z. B. bei einigen Nagetieren: ein Corpus luteum wird nicht gebildet, wenn keine Gravidität einsetzt). Bei Primaten erfolgt jeweils eine relativ lange luteale Phase, die zur Proliferation der Uterusschleimhaut führt. Die proliferierte Schleimhaut wird mit der Menstruation abgestoßen. Die Menstruation (Monatsblutung) ist daher nicht vergleichbar mit der bei der Ovulation eintretenden Blutung anderer Säugetiere (z. B. des Hundes).

Bei manchen Beuteltieren ist die Synchronisation des ganzen Prozesses noch nicht einwandfrei geregelt. Hier ist die Gravidität oft nur sehr kurz. Es kann vor dem Ende der Schwangerschaft schon wieder ein Oestrus einsetzen. Da hier ein doppelter Uterus vorliegt, kann eine zweite Befruchtung im anderen Uterus eintreten, wenn im ersten noch ausgetragen wird. Die Entwicklung des zweiten Embryos wird aber meistens gehemmt, solange noch Laktation vorliegt.

Beim Menschen und bei Pferden produziert die Plazenta auch Gonadotropine, die in ihrer Wirkung den Hypophysenhormonen FSH und LH ähneln. Es ist wahrscheinlich, daß dies auch bei anderen Säugetieren geschehen kann.

Zur Wirkung des LT, auch Prolaktin genannt, muß noch einiges gesagt werden. Die luteotrope Wirkung (Anregung der Progesteronsekretion) ist für die Säugetiere charakteristisch und essentiell für die hier vorliegende Viviparität. Die Viviparität bei Säugetieren

---

Abb. 18. Oestruszyklus. Von oben nach unten: (Abb. siehe S. 85)
1 = Kurve des FSH-Spiegels; 2 = Kurve des LH-Spiegels; 3 = Kurve des LT-Spiegels beim neuen Zyklus (NZ) oder bei der Gravidität (G); 4 = Kurve des Oestradiolspiegels; 5 = Kurve des Progesteronspiegels bei NZ und G; 6 = Umformung des Follikels zum Corpus luteum bei NZ und G; 7 = Aufbau der Uterusschleimhaut bei NZ und G.

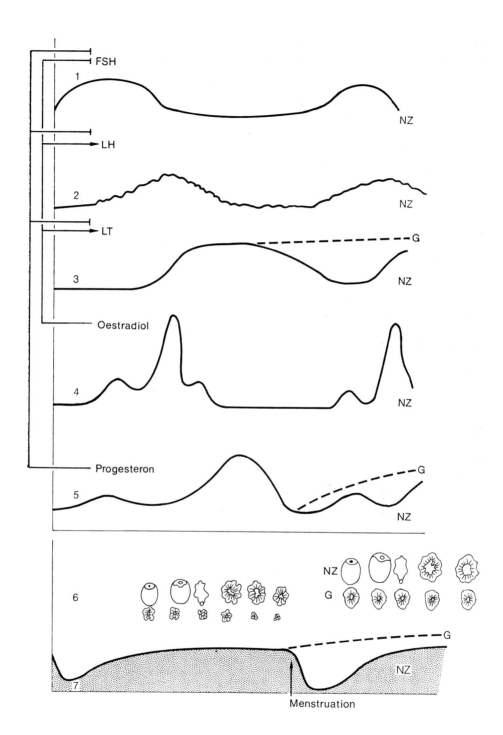

stellt die höchste Entwicklungsstufe unter allen Wirbeltieren dar. Als Stufen und Merkmale der **Viviparität** sind zu nennen: 1. Innere Befruchtung, 2. Zurückhaltung der Eier, 3. Möglichkeiten zum Austausch von respiratorischen Gasen, Exkreten und Nährstoffen (Plazentabildung), 4. Gestation mit Lutealphase und Ovulationshemmung, 5. Selbständigkeit des Embryos und seiner Anhangsorgane auch in der Hormonproduktion. Die Stufen 1—3 finden sich bei Nicht-Säugern auf verschiedenste Weise verwirklicht. Pseudoplazenten, gebildet aus uterinen oder embryonalen Auswüchsen, werden gebildet. Dottersack-Plazenta (Chondrichthyes) oder Allantois-Plazenta (Amnioten) sind funktionell mit der echten Plazenta vergleichbar, die als Folge der Lutealphase ausgebildet wird.

Stellt man die Bedeutung der LT-Sekretion für zwei Typen von Säugetieren, nämlich von Spontanovulatoren mit unvollständigem (LH-Sekretion ohne äußeren Reiz, LT-Sekretion nur nach Reiz) und von solchen mit vollständigem Zyklus (LT- und LH-Sekretion ohne äußeren Reiz) gegenüber, so ergibt sich folgendes. Bei der Maus reizt der Coitus durch Vermittlung des Hypothalamus die Sekretion von LT durch die Hypophyse an. Nur dann werden funktionierende Corpora lutea unterhalten. Das Wechselspiel zwischen hypophysärem LT und gebildetem Progesteron bleibt nach einem Coitus nur kurze Zeit, höchstens bis 10 Tage, erhalten. Während der Schwangerschaft wird das hypophysäre durch plazentales LT ersetzt (AMOROSO, FINN, BROWNING). Progesteron aber wird nur von den Corpora lutea gebildet, so daß der Embryo hormonell noch nicht selbständig ist.

Bei Primaten, bei denen sowohl die Ovulation als auch die luteale Phase spontan ohne äußere Induktion erfolgen, wird während der Schwangerschaft die Progesteronproduktion durch hypophysäres und auch wahrscheinlich durch uterines LT aufrechterhalten. Progesteron wird während der Schwangerschaft auch von der Plazenta gebildet, so daß der Embryo mit Hilfe des Uterus seine eigenen Hormone bilden kann. Hierbei werden Blastocysten als Bildungsort dieses uterinen LT betrachtet (Abb. 19).

Es gibt wenige Hinweise dafür, daß Prolaktin bei niederen Wirbeltieren einschließlich der Reptilien irgendeinen Einfluß auf die Fortpflanzungstätigkeit ausübt, obwohl das Hormon dort nachzuweisen ist. Bei Vögeln und Säugern übernimmt dieses Hormon wichtige Aufgaben bei der Reproduktion. Allerdings betreffen diese nicht nur Vorgänge innerhalb der Gonaden, sondern auch solche bei der Brutfürsorge (Brüten, Kropfmilchproduktion) und beim Vogelzug etc.

Extragonadale Wirkungen. Der letzte Hinweis zeigt, daß Gonadotropine auch Veränderungen hervorrufen, die außerhalb der Organbereiche der Gonaden und Gonadenanhänge liegen.

Das **Prolaktin** hat eine interessante stammesgeschichtliche Veränderung seiner Wirkung erfahren (vgl. Kap. 3.3.). Es läßt sich bereits bei Elasmobranchiern und Teleosteern nachweisen. Bei letzteren hat es Bedeutung für das Überleben im Süßwasser (Kap. 3.2.3.). Bei einigen Urodelen induziert Prolaktin das Aufsuchen des Wassers zum Laichakt. Die spezifische Wirkung bei Reptilien ist unklar. In allen Gruppen regt es das Wachstum an.

Zur Brutfürsorge dient Prolaktin bei Fischen, Vögeln und Säugern. Bei Cichliden regt es die Schleimproduktion in der Haut an, die zur Ernährung der Jungen dient (FIEDLER u. BLÜM). Bei Vögeln proliferiert nach Prolaktin-Gaben das Epithel des Kropfes. Dies führt zur Sekretion einer milchartigen Zellmasse, die als Kropfmilch bezeichnet und an die Jungen verfüttert wird (RIDDLE u.a.). Hierauf beruht der Taubenkropf-Test, ein wichtiger Nachweis für Prolaktin.

Die bekannteste Wirkung des Prolaktin ist die auf die Milchdrüse der Säuger. Die Bereitstellung und Ausschüttung der Milch ist eine Reaktion, die durch eine Reihe von Hormonen reguliert wird. Man kann für LT eine laktogene und eine mammogene Aktivität

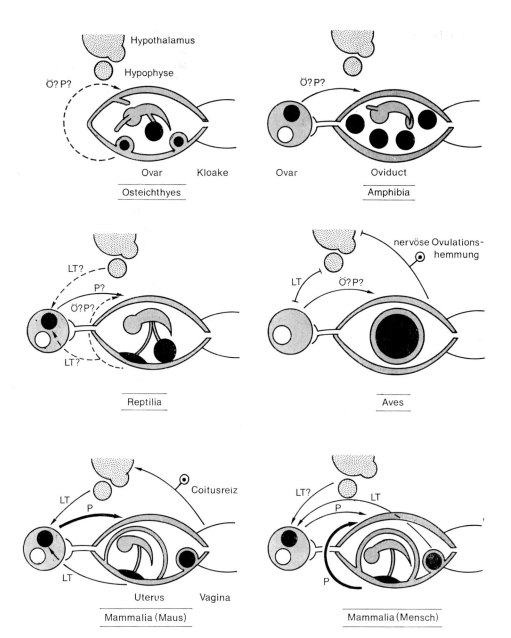

Abb. 19. Hormonbildung im Ovar und Oviduct (Uterus). Nach BROWNING.
Osteichthyes: follikuläre Progesteronbildung, Östrogene (Ö) und Progesteron (P) entstehen in Follikeln im Ovar, Entwicklung erfolgt z. T. im Ovar.
Amphibien: Bildung von Östrogenen und Progesteron in Follikeln im Ovar.
Reptilien: LT, Östrogene und Progesteron werden zusätzlich in plazentalen Strukturen des Ovidukts gebildet.
Vögel: Ö und P nur im Ovar während der Eibildung synthetisiert, nervöse Ovulationshemmung und rhythmisch unterbrochene LT-Sekretion bewirken periodische Eireifung.
Säuger: Zusätzlich plazentale Produktion von LT und P möglich. Auch Blastocysten bzw. frühe Embryonen können zur Sekretion beitragen. Coitusreiz bei bestimmten Tierformen für Ovulation bedeutungsvoll.
Im Ovar: helle Kreise — Follikel, dunkle Kreise — Corpora lutea.

unterscheiden. Da die Milchdrüse außer LT noch auf weitere Hormone, z. B. Oestrogene, Progesteron, Corticosteroide und Oxytocin, anspricht, ist es nicht einfach, die direkte Wirkung des LT an dieser Drüse zu erkennen. Daher ist eines der aufschlußreichsten Experimente die Untersuchung von Milchdrüsengewebe trächtiger Mäuse in Organkultur. LT induziert die Milchsekretion in den Drüsenzellen nur dann, wenn die Drüsen graviden Tieren entnommen wurden.

Außerdem fördert LT das Wachstum der Milchdrüse (mammogene Wirkung). Hierzu müssen allerdings STH und Progesteron gegenwärtig sein. Eine Abgrenzung der Wirkung gegenüber diesen Hormonen ist nicht möglich.

In vier verschiedenen Funktionsstadien der **Milchdrüse** nehmen die Hormone auf folgende Weise Einfluß:

1. rudimentäre bzw. noch völlig unentwickelte Drüse — kein Hormonfluß
2. vor der Pubertät, Wachstumsphase der Milchdrüsengänge — Oestrogene, Corticosteroide, STH — Wachstumsförderung, Aufbau von Proteinen usw.
3. Aufbauphase während der Schwangerschaft — Oestrogene, Progesteron, Corticosteroide, LT, STH — Bereitstellung von Mineralien, Proteinen, Differenzierung und Wachstum
4. Laktationsphase — LT, Oxytocin und Corticosteroide — Milchproduktion (Wasser, Eiweiß, Mineralien).

Die Sexualhormone und die Gonadotropine induzieren die Ausbildung **sekundärer Geschlechtsmerkmale.** Bei niederen Wirbeltieren sind im weiblichen Geschlecht nur wenig besondere äußere Merkmale vorhanden. Die Kloake schwillt bei vielen niederen Formen (Cyclostomen, Amphibien) zur Geschlechtsreife an. Unter den Teleosteern ist z. B. beim Bitterling die Ausbildung einer Ei-Legeröhre ein Zeichen für sexuelle Reife. Mit dem Einsetzen der Progesteronsekretion wird der Eileiter zur Legeröhre umgewandelt.

Bei Hühnervögeln, beim Fasan und anderen, verändern Oestrogene Struktur und Pigmentierung des Gefieders. Beim Weibchen bildet sich das meist unscheinbarere Gefieder unter dem Einfluß der Sexualhormone aus, während die Federn des Männchens das „neutrale" Kleid darstellen. Es gibt aber Varietäten unter den Hühnern, bei denen die Körperbedeckung nicht nur auf Oestrogene, sondern auch auf Androgene anspricht. In diesem Falle unterliegen die Gefiederfarben beider Geschlechter dem Einfluß der Sexualhormone (n. ZAVADOVSKII).

Bei den Weberfinken der Gattung *Euplectes, Quelea* oder *Steganura* wird das Gefieder des weiblichen Tieres nicht von den Gonaden beeinflußt. Injektion von LH entwickelt die für männliche Tiere typische Färbung, ein helles Orange bis Rot bei *Euplectes,* dunkle Färbung bei *Steganura.* LH wirkt aber nur bei Männchen oder ovariektomierten Weibchen. Oestrogene unterbinden also die Wirkung des LH. Androgene verursachen bei diesen Tieren eine dunkle Ausfärbung des Schnabels, Oestrogene dagegen verhindern diese Pigmentierung (n. WITSCHI).

Der Entensyrinx ist noch ein weiteres bekanntes Beispiel dafür, wie weibliche Sexualhormone Organe verändern. Der Syrinx der männlichen und ovariektomierten weiblichen Tiere ist eine asymmetrische Ausbuchtung an der Basis der Trachea. Unter dem Einfluß von Oestrogen bildet sie sich dagegen zweiteilig symmetrisch aus.

Dem Gefieder entspricht bei Säugern die Behaarung als sekundäres Geschlechtsmerkmal.

Histophysiologie des Hodens. Der Hoden ist der Entstehungsort der androgenen Hormone, vor allem des Testosteron, das für die Ausbildung der sekundären Geschlechtsmerkmale verantwortlich ist. Das Hodengewebe der Wirbeltiere besteht fast immer aus den samenbildenden Hodenkanälchen und dem Bindegewebe, wo die interstitiellen Zellen (Leydigsche Zellen) liegen, in denen hauptsächlich die Synthese und Abgabe des Testosteron erfolgt. In den Hodenkanälchen findet man zusätzlich zu den Urkeimzellen noch die sogenannten Sertoli-Zellen, die wahrscheinlich Stützfunktion haben, vielleicht aber auch an der Produktion der Androgene beteiligt sind.

Bei **Vögeln** und **Säugetieren** tritt nach Zerstörung des Keimepithels keine Atrophie des interstitiellen Gewebes und keine Rückbildung der sekundären Geschlechtsmerkmale ein. Die Sekretion von Testosteron geht also nicht verloren. Bei Inkubation von isoliertem interstitiellem Gewebe der Ratte mit radioaktivem Progesteron wird dieses enzymatisch in Testosteron umgewandelt. Bei **niederen Wirbeltieren** ist noch nicht sicher erkannt, ob das interstitielle Gewebe der Hauptproduktionsort der Androgene ist. Bei den meisten Formen weist zwar das interstitielle Gewebe die wesentlichsten histochemischen Merkmale steroidproduzierenden Gewebes auf. Es enthält Fetttropfen, besitzt Steroiddehydrogenase-Aktivität; ungesättigte Sterine finden sich dort in größerer Menge als Vorstufen der Hormone usw. Bei einigen Arten jedoch, z.B. bei den meisten Urodelen, beim Hecht, der Regenbogenforelle u.a., liegen Zellen mit diesen histochemischen Kriterien im Innern an der Wand der Kanälchen. Beide Zellformen, die Leydigschen Zellen im Interstitium und diese Zellen in den Tubuli, dürften zytologisch weitgehend identisch sein (n. LOFTS).

Mit der jahreszeitlichen Brutsaison ist auch ein jahreszeitlicher Aktivitätszyklus dieser Gewebe festzustellen. Jahreszeitlich unterschiedliche Ansammlung von Lipiden wurde nachgewiesen. Während der sexuellen Ruheperiode besteht das Interstitium aus relativ kleinen Leydig-Zellen mit wenigen, kleinen Fetttropfen. Vor der Brutsaison werden diese Zellen größer und reichern Lipid an. Dieses Fett wird während der Reproduktionsphase wahrscheinlich in Verbindung mit der Hormonausschüttung relativ schnell verbraucht. Mit dem Anstieg der Hormonproduktion vor der Brutzeit hypertrophieren die sekundären Geschlechtsmerkmale und die akzessorischen Geschlechtsorgane. Besonders deutlich wird der Hormoneinfluß am Wachstum des Hahnenkamms, wo zum ersten Mal eine Hormonwirkung demonstriert wurde (BERTHOLD 1849).

Bei vielen **Vögeln, Reptilien** und **Amphibien** wird das Leydigsche Gewebe nach der Brutsaison fast völlig zurückgebildet. Die meisten Zellen werden phagozytiert und zur nächsten Brutzeit aus einer neuen Zellgeneration wieder aufgebaut. Die Rückbildung nach der Sekretionsphase erfolgt unterschiedlich schnell.

Eine besonders eindrucksvolle Korrelation konnte bei Fröschen, *Rana esculenta*, zwischen dem Lipidgehalt der Leydigschen Zellen und der Vergrößerung der Daumenschwiele, die für den Kopulationsakt verdickt wird, festgestellt werden. Anfang April steigen der Lipidgehalt und die Drüsenepithelhöhe an. Im Juni sinkt die Epithelhöhe wieder ab. Es kommt zum weiteren starken Anstieg der Lipide in den Leydig-Zellen, was mit Speicherung von Lipiden erklärt wird (n. LOFTS, Abb. 20).

Bei jahreszeitlich brütenden **Vögeln** und **Säugern** ist auch ein Zyklus der Leydig-Zellen festzustellen. Säuger, die kontinuierlich brüten (z.B. die Laboratoriumsnager), haben einen gleichmäßig hohen Testosterontiter im Blut. Die Leydig-Zellen weisen keine Veränderungen auf, der Lipidgehalt ist konstant gering. Die akzessorischen Geschlechtsorgane bleiben während des gesamten Jahres weitgehend unverändert aktiv.

Die **Hodenfunktion** wird von zwei Hypophysenhormonen **reguliert,** dem FSH und LH. FSH reguliert primär die Spermatogenese im Keimepithel. LH ist verantwortlich für die sekretorische Aktivität des interstitiellen Gewebes und wird deshalb auch ICSH (inter-

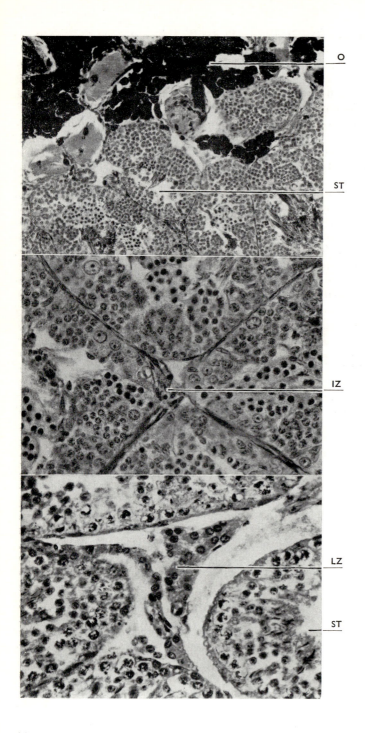

stitielle Zellen stimulierendes Hormon) genannt. Bisher gelang keine Isolation beider Gonadotropine bei den niederen Wirbeltieren.

Bei Fröschen *(Rana temporaria)* liegen umfangreiche Studien vor, die die Wirkung von Säuger-FSH und -LH austesten. Injektion bei Winterfröschen stimuliert Spermatogenese ohne Beeinflussung des Interstitiums. Säuger-LH aktiviert die Leydig-Zellen und verursacht eine Spermatozoenabgabe. Es ließ sich auch feststellen, daß die Aktivität von Leydig-Zellen mit der von gewissen Hypophysenzellen korreliert ist. Stimulation der spermatogenen Aktivität hängt ebenfalls von der Entleerung bestimmter Hypophysenzellen ab (β-Zellen, Basophilen-Typ 2). Bei Fischen lassen sich FSH- und LH-Aktivität noch nicht exakt bestimmten Zelltypen der Hypophyse zuordnen.

Testosteron wirkt auch auf die Samenproduktion, es hilft mit bei der Regulation der Spermatogenese und dem Keimzellentransport. Länger bekannt sind aber die Effekte, die androgene Hormone auf die Struktur der männlichen Samenausführgänge und der akzessorischen Drüsen ausüben. Bei Säugern wird durch Testosteron Wachstum und Sekretionstätigkeit des Ductus deferens, der Epididymis, von Prostata und Samenblase angeregt. Die Samenausführungsgänge der niederen Vertebraten, die Samenblasen von Vögeln und Fischen sowie die Kloakendrüsen von Molchen reagieren ebenfalls auf Testosteron. Auch die Sekretion von Samenflüssigkeit wird durch Androgene hervorgerufen.

Sekundäre männliche Geschlechtsmerkmale in allen Vertebratengruppen sind von Hormonen abhängig. Androgene bewirken die Ausbildung des Schwertes beim Teleosteer *Xiphophorus*. Ebenso stimulieren sie die Ausbildung der Gonopoden und des Hochzeitskleides bei verschiedenen Fischen. Der Kamm der Molche und die Färbung wird von Testosteron zur Laichzeit verändert. Bei Reptilien gibt es nur wenig sekundäre Geschlechtsmerkmale. Aber bei Vögeln sind die Färbungen des Gefieders, das Kammwachstum und Lautäußerungen häufig Folgen der Androgenwirkung. Bei Säugern gehören hierzu das Hornwachstum bei einigen Wiederkäuern, die Haarverteilung und die Stimmqualität beim Menschen u. a.

Gonadotropine können auch im männlichen Geschlecht sekundäre Geschlechtsmerkmale beeinflussen. Dies gilt für die Federfärbung bei Weberfinken, das Geweih von Rotwild. Allerdings wirken Sexualhormone hierbei mit den Gonadotropinen zusammen.

Auf die Regulation von Verhaltensweisen im männlichen Geschlecht wird später (Kap. 3.2.6.) eingegangen.

3.2. Einflüsse auf Funktionsabläufe

Die Reaktionen struktureller Art auf Wirkstoffe sind natürlich nicht prinzipiell von den Veränderungen der Funktionsabläufe zu trennen. Dies wurde bereits im letzten Kapitel deutlich. Hier sollen nun die Einflüsse besprochen werden, die sich vorwiegend in der Veränderung physiologischer Prozesse ausdrücken.

siehe Abb. S. 90)
Abb. 20. Histologie des Hodens:
Oben: Zwitter-Gonade eines Frosches *(Rana temporaria)* (tritt hier nur gelegentlich auf, Vergr. ca. 125 ×); Mitte: Samengänge eines Frosches *(Rana temporaria)* (Vergr. ca. 320 ×); unten: Samengänge des Meerschweinchens (Vergr. ca. 320 ×). Originalpräparat von FIEDLER.
IZ = Interstitium, LZ = Leydigzellen, O = Ovaranteil (degeneriert), ST = Samentubuli.

3.2.1. Energiestoffwechsel der Tiere

3.2.1.1. Regulation bei wirbellosen Tieren

Zur Regulation des Energie-Stoffwechsels durch Wirkstoffe ist bei Nicht-Arthropoden unter den Wirbellosen wenig bekannt. Bei den Gastropoden sind Veränderungen in der Mitteldarmdrüse nach Entfernung von Gehirnteilen aufgezeigt worden. Hierüber sind aber zunächst eingehendere Studien abzuwarten, ehe eine Stoffwechselwirkung — etwa des Neurosekrets — postuliert werden kann.

Bei **Arthropoden** sind dagegen Veränderungen und Regulationen des Energie-Stoffwechsels durch Hormone inzwischen eindeutig nachgewiesen worden. Bei Insekten regulieren Sekrete der Corpora cardiaca die Konzentration von Trehalose im Blut. Trehalose ist bei diesen Tieren fast immer die Transportform der Kohlenhydrate. Ein hyperglykaemischer Faktor, d.h. ein Hormon, das den Blutzuckerspiegel erhöht, ist bei *Periplaneta*, *Locusta* und anderen Insekten bekannt geworden. Dieses Corpora cardiaca-Hormon bewirkt im Fettkörper eine vermehrte Bildung von Trehalose aus Glykogen. Dabei werden folgende Schritte auf dem Weg vom Glykogen in den Fettkörperzellen bis zur Trehalose im Blut gefördert:

1. Glykogen ————→ Glucose-1-P
   inaktive ⌒⌒⌒→ aktive Phosphorylase

2. Glucose-6-P ——→ Trehalose-6-P

3. Trehalose (Fettkörper) ——→ Trehalose (Blut)

Wahrscheinlich wirken hierbei mehrere Faktoren. Der erste Schritt ist der Wirkung von Glucagon und Adrenalin bei Wirbeltieren vergleichbar. Durch diese Stoffwechselhormone wird in den Zellen zyklisches AMP aus ATP gebildet. Zyklisches AMP aktiviert dann die Phosphorylase.

Bei *Locusta* lassen sich in den Corpora cardiaca zwei Anteile deutlich unterscheiden. Der eine speichert das Neurosekret, der andere ist selbst drüsiger Natur. Es ist unklar, ob sich beide Teile gegenseitig beeinflussen. Dem Speicherteil und dem Drüsenteil entstammen Hormone, die hyperglykaemisch wirken. Die Fraktion, die vom Drüsenteil abgegeben wird, ist wirksamer. Allerdings ist bisher ungeklärt, ob die beiden Fraktionen unterschiedliche Schritte stimulieren.

Beide Fraktionen sind Hormone mit Peptidnatur. Daneben kommen pharmakologisch wirksame Amine in den Corpora cardiaca vor, von denen z.B. Serotonin bei Insekten auch den Blutzuckerspiegel erhöht.

Die Respiration der Insekten wird von Extrakten der Corpora allata beeinflußt. Dies zeigt sich besonders dann, wenn man die Sauerstoffaufnahme einzelner Organe, vor allem von Fettkörper und Muskulatur, bestimmt. Zwischen Fettkörper und Ovar besteht eine Wechselbeziehung. Der Fettkörper bildet Blutproteine, die vom Ovar für den Aufbau der Eier verwendet werden.

Der Einfluß der Corpora allata auf den Stoffwechsel des Fettkörpers ergibt sich deutlich aus Versuchen mit Wanzen der Gattung *Pyrrhocoris*. Normale Weibchen synthetisieren im Fettkörper große Mengen Fett und Proteine, wobei der Glykogengehalt abnimmt. Diese Synthesevorgänge stehen in Verbindung mit dem Aufbau der Eier. Zur Einlagerung des Dottermaterials in die Eier müssen viel Lipoide und Proteine zum Ovar gebracht und dort aufgenommen werden. Es ändert sich daher die Proteinzusammensetzung im Blut zum Zeitpunkt der Oogenese. Das Blut adulter Weibchen von *Rhodnius prolixus* enthält z. B. zwei Proteinfraktionen, die im 5. Larvenstadium nicht nachzuweisen sind. Die zwei Fraktionen treten aber wieder im löslichen Protein von Eiern auf. Die Eier nehmen also die speziell hierfür synthetisierten Proteine auf. Durch Injektion radioaktiv markierter Aminosäuren konnte nachgewiesen werden, daß im Fettkörper die Synthese der Proteine stattfindet (Untersuchungen von LÜSCHER, ENGELMANN, SLAMA, HIGHNAM u. a.).

Da wahrscheinlich auch noch das Suboesophagealganglion über die Produktion von Diapausehormon an der Regulierung der Ovaraktivität beteiligt ist, so ergibt sich (n. RALPH) folgende Verbindung:

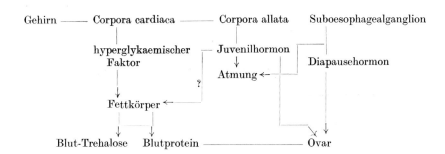

Bei vielen Insekten verhilft die Diapause, ungünstige Lebensbedingungen zu überstehen. Diapause ist gekennzeichnet durch niedrigen Stoffwechsel. Fettreserven werden vorher aufgebaut. Die Resistenz gegen Trockenheit und Kälte ist während der Diapause besonders groß.

Das Gehirn spielt eine wesentliche Rolle beim Durchhalten der Diapause, wie Untersuchungen am Seidenspinner, *Hyalophora cecropia*, ergaben. Folgendes ist hierbei wichtig:

1. Ohne Gehirn oder ohne Unterkühlung des Gehirns wird Diapause nicht beendet.
2. Gehirn einer unterkühlten Puppe beendet Diapause in jeder gehirnlosen Puppe.
3. Zur Beendigung der Diapause muß eine Prothoraxdrüse vorhanden sein.
4. Ecdyson beendet Diapause ohne Gehirn und Suboesophagealganglion.

Aus diesen Tatsachen ergibt sich, daß Ecdysonausschüttung für die Beendigung der Diapause verantwortlich ist.

Untersuchungen am Seidenspinner *Bombyx mori* zeigten, daß Neurosekret aus dem Suboesophagealganglion dafür wichtig ist, ob abgelegte Eier Diapause aufweisen oder nicht. Bei diesem Seidenspinner ist Eier-Diapause fakultativ — es gibt solche mit und ohne Diapause. Diapause-Eier werden abgelegt, wenn das Gehirn die Produktion von Diapausehormon aus dem Suboesophagealganglion anregt. Bei Rassen, bei denen das Gehirn diese Synthese und Abgabe hemmt, werden Eier abgelegt, die keine Diapause haben. Das Gehirn übt seinen Einfluß wahrscheinlich über die Nervenverbindung auf das Suboesophagealganglion aus. Langtag und hohe Temperatur während der Ei- und Larvalentwicklung stimulieren zum Ablegen von Diapause-Eiern. Kurztag und niedere Temperatur während der Entwicklung fördern Nicht-Diapause-Eier (n. FUKUDA).

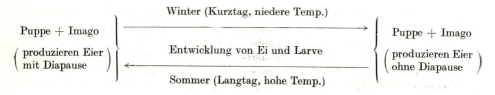

Bei Crustaceen wurde eine hormonale Regulation des Kohlenhydrat-Stoffwechsels vor allem bei höheren Krebsen, Decapoden, nachgewiesen. Hier wird von den neurosekretorischen Zellen des Augenstiels ein blutzuckersteigerndes Hormon abgegeben. Die Kohlenhydrate im Blut sind neben Glucose vor allem Disaccharide wie Maltose usw. Die Blutzuckererhöhung steht in Verbindung zur Häutung. Zwischen den verschiedenen Phasen des Häutungszyklus sind in den Zellen der Mitteldarmdrüse starke Stoffwechselunterschiede zu beobachten. Möglicherweise regulieren mehrere verschiedene Faktoren diese Stoffwechsellagen (McWhinnie u. a.):

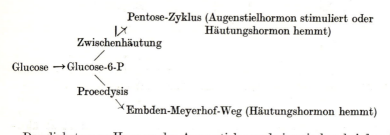

Das diabetogene Hormon des Augenstiels wurde inzwischen bei dem Krebs *Orconectes* isoliert und vom häutungshemmenden Faktor getrennt. Als Beispiel: $3\frac{1}{2}$ Augenstiel-Äquivalente erhöhen in einem Krebs die Blutzuckerkonzentration von etwa 1,6 mg/100 ml auf 40,7 mg/100 ml. Dies zeigt deutlich, wie wirksam das Prinzip arbeitet. Augenstielextrakte hemmen im Muskel die Glykogensyntheserate oder fördern das Phosphorylase-System für den Glykogenabbau. Wahrscheinlich liegt hier ein ähnliches System vor wie oben für den hyperglykaemischen Faktor aus den Corpora cardiaca beschrieben (Scheer, Keller u. a.). Serotonin erhöht auch bei Krebsen den Blutzucker, ist aber auf Grund der Dosis-Effekt-Beziehungen mit dem diabetogenen Prinzip nicht identisch.

3.2.1.2. Regulation bei Wirbeltieren

Die wichtigsten Hormone zur Regulierung des Energie-Stoffwechsels bei Wirbeltieren sind:
1. die Pankreashormone, Insulin und Glucagon
2. die Schilddrüsenhormone, Thyroxin (T_4) und Trijodthyronin (T_3)
3. die Nebennierenrindenhormone (Corticosteroide), Cortisol, Corticosteron, Aldosteron.

Hinzu kommt noch Adrenalin, das im Nebennierenmark gebildete Hormon.

Auch STH und Prolaktin verändern die Stoffwechsellage. Allerdings wird dies nur indirekt erreicht, indem durch Verbrauch von Nährstoffen, z.B. beim Wachstum oder bei der Milchproduktion, der Nachschub von Stoffen gefördert werden muß.

Insulin wird in den β-Zellen des Pankreas gebildet. Es ist ein Polypeptid, das aus zwei Ketten von Aminosäuren besteht, der A-Kette — die aus 21 Aminosäuren gebildet wird — und der B-Kette mit 30 Aminosäuren. Beide Ketten sind durch S-S-Brücken verbunden und stellen Teile eines Proinsulins aus 81 Aminosäuren (beim Rind) dar. Durch proteolytische Verdauung wird bei der eigentlichen Insulinbildung ein Stück von 30 Aminosäuren (C-Kette) herausgespalten:

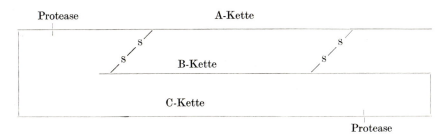

Zwischen den verschiedenen Insulinen im Wirbeltierbereich gibt es geringfügige chemische Unterschiede.

Erhöhte Konzentration von Glucose im Blut ist meistens der adaequate Reiz für die Abgabe des Hormons an das Blut. Die Sekretion von Insulin aus der Zelle erfolgt wahrscheinlich auf Grund intrazellulärer Stoffwechselvorgänge, die durch Hexosen, Pentosen und Aminosäuren, die von außen in die Zelle diffundieren, angekurbelt werden können. Hierbei sind der Glucose-6-P-Pool und wahrscheinlich die ATP-Konzentration in der Zelle direkte Stimulatoren der Insulinfreisetzung vom Bildungsort, den Ribosomen des rauhen endoplasmatischen Retikulums.

Zum Wirkungsmechanismus des Insulins wurden eine Reihe von Theorien aufgestellt. Zunächst wurde als Primärprozeß die Aktivierung des glucoseabbauenden Enzyms, der Hexokinase, angesehen. Da man jedoch erkannte, daß wirksame Hexokinase immer genügend in den Zellen vorliegt und damit nicht den geschwindigkeitsbegrenzenden Schritt katalysieren kann, wurde diese Theorie wieder verworfen. Insulin erhöht die Eindringungsrate für Monosaccharide bestimmter Konfiguration in die peripheren Zellen. Wird auf diese Weise der Abbau von Hexosen vermehrt, so erniedrigt sich der Blutzuckerspiegel. Diese Theorie erklärt bis heute die Insulinwirkung am besten. Hinzu kommt allerdings, daß Insulin auch bestimmte Gene aktivieren muß. Der RNS-Gehalt nimmt in verschiedenen Geweben unter Insulineinfluß zu. Transkriptions- und Translationshemmer unterbinden die Wirkung des Insulins auf das periphere Gewebe. Die Permeabilitätserhöhung könnte eine Folge der Aktivierung synthetischer Vorgänge sein, die zum Aufbau von Carrier-Systemen in den Membranen führen und damit den Durchtritt von Hexosen zum Reaktionsort ermöglichen.

Die Erhöhung der Zellpermeabilität durch Insulin ist ein Effekt, der in starkem Ausmaß zellspezifisch ist. Bei höheren Wirbeltieren gibt es einige Organe, z.B. das Gehirn, bei denen die Eintrittsgeschwindigkeit durch Insulin nicht beeinflußt wird. Diese Organe sind daher von dem Hormonangebot unabhängig. Außerdem nimmt anscheinend die Empfindlichkeit der Organe, die auf Insulin reagieren, mit der Evolution zu. Bei niederen Wirbeltieren sind recht hohe Dosen Insulin notwendig, um eine hypoglykaemische Reaktion hervorzurufen. Bei Säugern führen geringe Dosen bereits zum hypoglykaemischen Schock und zum Tod. Wirbellose Tiere zeigen keine klaren Reaktionen auf Insulin.

Diese Zellspezifität der Insulinwirkung macht ebenfalls deutlich, daß genetische Prozesse hier mit im Spiel sein müssen. Nur die genetische Spezifität erlaubt eine Erklärung für einen solchen Wirkungsmechanismus.

Bei Cyclostomen liegen die β-Zellen, die Insulin produzieren, vom exokrinen Pankreasgewebe getrennt in der Darmwand. Sie ähneln in ihrer Verteilung Zellen des Systems, das gastrointestinale Gewebehormone produziert. Die Regulation des Blutzuckers gleicht bei Cyclostomen bereits prinzipiell der bei höheren Wirbeltieren, wenn man von der geringeren Empfindlichkeit absieht.

Bei Elasmobranchiern liegt das Inselsystem zwischen dem exokrinen Pankreasgewebe wie bei höheren Wirbeltieren. Bei Teleosteern dagegen kann es wieder isoliert liegen. Bei einigen Formen findet sich in den sogenannten Brockmannschen Körperchen ein hoher Anteil an Inselgewebe.

Die unterschiedliche Empfindlichkeit niederer Wirbeltiere gegen Injektionen von Säuger-Insulin kann neben der Gewebeempfindlichkeit auch darin begründet sein, daß artspezifische Unterschiede im Insulinmolekül vorliegen. Das ist bei solchen Peptidhormonen zu erwarten. Nachweismethoden für Insulin beruhen einmal auf der Messung des Glucoseverbrauchs im epididymalen Fettgewebe der Ratte mit und ohne Insulin (insulin like activity — ILA) und der Bestimmung mit immunologischen Methoden (IMI). Beide Methoden gelangen nicht zu gleichen Werten, weil unterschiedliche Störfaktoren auftreten. Frosch- und Fisch-Insulin reagieren immunologisch auf Antikörper gegen Säuger-Insulin. Trotzdem können chemische Unterschiede vorliegen.

Der Gegenspieler des Insulins ist das **Glucagon,** das in den α-Zellen des Inselsystems gebildet wird. Die beiden Hormone wirken antagonistisch in bezug auf die hervorgerufenen Blutzuckerveränderungen: Insulin senkt, Glucagon steigert den Blutzuckerspiegel. Andererseits ergänzen sich die beiden Hormone. Damit Insulin den Glucose-Abbau in der Peripherie steigern kann, muß der Nachschub aus den Glykogendepots der Leber gewährleistet sein. Glucagon setzt Glucose aus der Leber frei. Es aktiviert Phosphorylase in der Leber. Folgende Prozesse laufen dabei ab (vereinfacht dargestellt):

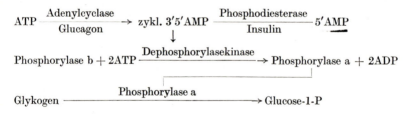

Glucagon selbst und Reaktionen auf Säuger-Glucagon konnten bei Cyclostomen noch nicht nachgewiesen werden. Auch ist fraglich, ob hier α-Zellen vorkommen, die von den Elasmobranchiern an nachgewiesen wurden. Bei Knochenfischen bewirkt Glucagon deutliche Hyperglykaemie, die allerdings nur schwer exakt nachzuweisen ist, da Teleosteer sehr leicht auf äußere Reize hin ihre Glykogenreserven mobilisieren.

Der Blutzucker und die Verschiebung von Kohlenhydraten zwischen Leber und Muskulatur werden auch bei Amphibien durch Insulin und Glucagon reguliert. Bei Fröschen tritt nach einer Injektion von Glucagon sehr schnell eine Erhöhung des Blutzuckers ein. Für Amphibien und höhere Wirbeltiere kann generell festgestellt werden, daß beide Systeme, α- und β-Zellen, sehr schnell parallel reagieren und damit ihre Wirkungen ergänzen.

Als eines der am stärksten stoffwechselaktiven Hormone wird im allgemeinen das **Thyroxin** angesehen, das bei niederen Wirbeltieren häufig durch **Trijodthyronin** ersetzt wird. Die Schilddrüsenhormone erhöhen den Grundumsatz nach einer gewissen Latenzzeit. Entsprechend liegt bei Schilddrüsenüberfunktion eine Erhöhung des Stoffwechsels vor, an der man eine Hyperthyreose (Basedowsche Krankheit) erkennen kann.

Den zugrunde liegenden Wirkungsmechanismus stellt man sich so vor, daß durch Schilddrüsenhormone eine Entkoppelung von Atmungskette und ATP-Bildung erfolgt. Dies läßt sich aus einigen Parallelen in der Stoffwechselreaktion nach Injektion von Dinitrophenol und Thyroxin bei Säugetieren ableiten. In beiden Fällen erhöht sich der O_2-Verbrauch, weil bei gleicher O_2-Aufnahme weniger ATP gebildet wird als bei normalen unbehandelten Tieren. Die Atmungskettenphosphorylierung ist gestört. Wegen der vorliegenden Latenzzeit kann es sich jedoch hierbei nicht um eine Primärreaktion handeln.

Im Kapitel 3.1.2. wurden Wirkungsmechanismen der Schilddrüsenhormone in Leberzellen diskutiert. Die Erhöhung der Syntheserate und die allgemeine Aktivierung der Zellen, die nach Injektion von Thyroxin beobachtet werden konnte, demonstriert, daß die Primärwirkung in einer Genaktivierung und Steigerung der Eiweißsynthese zu suchen ist. Es ist aber bis heute noch nicht klar, wie von solchen zellularen Wirkungen her die vielfältigen Stoffwechselwirkungen der Schilddrüsenhormone zu erklären sind.

Sicher ist bei Säugetieren nachgewiesen, daß ein Überschuß an Schilddrüsenhormon die Verbrennungsrate von Kohlenhydraten heraufsetzt und den Abbau von Glykogen fördert. Schilddrüsenüberfunktion wirkt sich in übernormaler Stickstoffausscheidung und erhöhtem Proteinabbau aus. Serumlipide werden besonders bei länger anhaltender Thyroxinbehandlung verringert.

Ein struktureller Effekt, der nach Thyroxinbehandlung an den Mitochondrien zu beobachten ist, dürfte noch besondere Bedeutung besitzen. Die Mitochondrien schwellen an, was darauf hinweist, daß sie stark beansprucht werden. Da sie als Ort der Energiegewinnung, d.h. der Atmungskettenphosphorylierung, in der Zelle betrachtet werden müssen, ist diese Veränderung nach dem bisher festgestellten leicht verständlich. Sie könnte überhaupt die Grundlage der Wirkung darstellen. Dann wäre die Entkopplung der Atmungskettenphosphorylierung auf die Verschiebung von aktiven Zentren der Atmungs- und Phosphorylierungsenzyme an den Membranen der Mitochondrien zurückzuführen (LEHNINGER).

Bei niederen Wirbeltieren wird die Wirkung der Schilddrüsenhormone auf den Stoffwechsel sehr unterschiedlich beurteilt. Bei Neunaugen ist bisher keine metabolische Wirkung nachgewiesen worden. Embryonen des Elasmobranchiers *Squalus sackleyi* erhöhen nach Injektionen von Derivaten der Schilddrüsenhormone den O_2-Verbrauch kurzfristig (GORBMAN u.a.). Knochenfische und Amphibien reagieren anscheinend sehr wenig und variabel auf Thyroxin. Das Fehlen ebenso klarer Stoffwechselveränderungen bei Kaltblütern wie bei Säugern ist recht interessant, da ja bei diesen Gruppen Schilddrüsenhormone eindeutig morphogenetisch wirken. Es entsteht der Eindruck, als sei, stammesgeschichtlich betrachtet, die morphogenetische Reaktion auf Thyreoglobuline ein Vorläufer der Stoffwechselwirkung bei höheren Wirbeltieren.

Die **Hormone der Nebennierenrinde** sind ebenfalls wichtige Regulatoren des Energiestoffwechsels, die außerdem Einfluß auf den Osmomineralhaushalt ausüben (Kap. 3.2.3.2.). Man teilt die Corticosteroide nach ihrer Funktion bei Säugern in zwei Gruppen ein, die Mineralocorticoide (Aldosteron) und die Glucocorticoide (Cortisol, Corticosteron). Auch Cortisol und Corticosteron nehmen Einfluß auf den Mineralstoffwechsel, wenn sie in höheren Konzentrationen angewandt werden. Zur Wirkung der Glucocorticoide soll hier untersucht werden, ob bei allen Wirbeltiergruppen der Energiestoffwechsel durch Corticosteroide beeinflußt wird und welche der Steroidhormone hierzu beitragen.

Die Wirkung von Corticosteroiden auf den Stoffwechsel der Säuger zeigt sich darin, daß nach Adrenalektomie die Oxydation von Glucose übernormal gesteigert und die Umwandlung von Gewebeprotein in Kohlenhydrate gehemmt wird. Injektion von Corticosteroiden, vor allem Cortisol, führt zum Anstieg der Glucosekonzentration im Blut, zur Erhöhung des Glykogens in der Leber und zur verstärkten Aktivität verschiedener Enzyme, besonders von Aminotransferasen. Außerdem steigert sich als Folge des Protein-Katabolismus die Harnstoffkonzentration im Blut.

All dies sind Anzeichen einer erhöhten Gluconeogenese, einer Neubildung von Kohlenhydraten, besonders aus Eiweiß. Ein relativ früher Effekt von Corticosteroiden ist die Stimulation von Tyrosin-Aminotransferase, einem Enzym, das Desaminierung von Tyrosin bewirkt. Als nächstes wird Alanin-Aminotransferase aktiviert. Den Enzyminduktionen geht eine verstärkte RNS-Synthese voraus. Syntheseblocker hemmen den Enzymaufbau nach Hormoninjektionen.

Die Veränderungen des Kohlenhydratstoffwechsels sind also insofern sekundärer Natur, als sie als Folge des veränderten Metabolit-Angebotes eintreten. Dies wird durch die Enzyminduktionen, vor allem die der Aminotransferasen, ausgelöst.

Diese Gluconeogenese, die vornehmlich in der Leber abläuft, ist wichtig, wenn keine Nahrungsaufnahme stattfindet oder wenn bei äußerer Belastung des Organismus ein erhöhter Verbrauch an Metaboliten einsetzt. Auf diese Weise kann dann mit Hilfe des Körpereiweißes die Energieversorgung aufrechterhalten werden.

Eine wichtige Versuchsanordnung zur Klärung der Zusammenhänge ist die in vitro perfundierte Leber der Säuger. Man entnimmt hierzu die Leber möglichst vollständig und perfundiert mit einer Blutersatzflüssigkeit über die normale Gefäßversorgung. Erhöhung der Aminosäure-Konzentration im Perfusat, speziell Alaninzusatz, steigert die Glucose-Synthese in der Leber. Ebenso fördern Laktat- und Pyruvatzusatz die Glucosebildung, Glyzerinzusatz oder physiologische Konzentration an freien Fettsäuren beeinflussen dagegen die Kohlenhydratbildung nur undeutlich. Nur unphysiologisch hohe Zusätze an freien Fettsäuren steigern die Gluconeogenese. Daraus resultiert die Vorstellung, daß im wesentlichen Proteine Vorläufer für die Gluconeogenese sind und daß Fette hierfür nicht in Betracht kommen.

Den Kreislauf zwischen Alanin und Glucose kann man sich etwa folgendermaßen vorstellen:

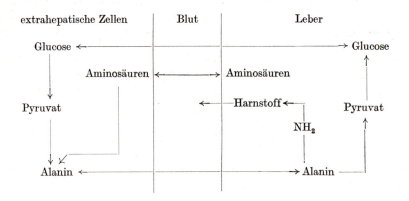

Beim Aufbau von Glucose aus Pyruvat sind drei besondere Enzyme wirksam, die von Wirkstoffen reguliert werden:
1. Pyruvatcarboxylase, aktiviert durch Adrenalin, Glucagon, Glucocorticoide, gehemmt durch Insulin
2. Phosphoenolpyruvatcarboxykinase, aktiviert durch Glucocorticoide, gehemmt durch Insulin
3. Fructose-1,6-diphosphatase, aktiviert durch Adrenalin, Glucagon, Glucocorticoide, gehemmt durch Insulin.

Hieran zeigt sich ganz allgemein, die Regulation der Gluconeogenese durch Hormone.

Die Corticosteroide kontrollieren die Gluconeogenese bei niederen Wirbeltieren wahrscheinlich auf dieselbe Weise wie bei Säugern. Erhöhung des Blutzuckerspiegels nach Injektionen von ACTH und Corticosteroiden ist immer deutlich nachzuweisen (JANSSENS, BUTLER, HANKE u.a.). Das Leberglykogen wird allerdings durch diese Hormone häufig nicht erhöht. Auch die Aktivierung der Aminotransferasen wurde bisher bei Amphibien und Fischen nicht oder nur in geringem Umfang nachgewiesen. Deutlich zeigt sich jedoch der Protein-Katabolismus nach Injektion von Corticosteroiden bei Amphibien und Fischen an der Erhöhung der Stickstoffexkretion. So bleibt die Frage offen, ob bei niederen Wirbeltieren der gesamte Komplex ebenso reguliert wird wie bei Säugern oder ob nur einige Reaktionen im Rahmen dieser Vorgänge durch Hormone beeinflußt werden.

Bei Amphibien erhöht Aldosteron den Blutzuckerspiegel ebenso wirksam wie Corticosteron. Dies demonstriert, daß eine Unterscheidung der Corticosteroide in Mineralo- und Glucocorticoide bei diesen niederen Vertebraten nicht ebenso berechtigt ist wie bei Säugern.

Eine besondere Stellung nimmt die Regulation des **Fettkörpers** ein. Hier sind mehrere Hormone beteiligt. Es sind vor allem STH und Insulin, wahrscheinlich auch ACTH und Adrenalin. Häufig wird diskutiert, ob noch ein lipotroper Faktor in den Pankreasinseln gebildet wird. Neben α- und β-Zellen gibt es hier noch einen weiteren Zelltyp. Dieser könnte der Entstehungsort eines dritten Inselhormons sein (EPPLE).

Die Regulation der Lipide des Fettkörpers schließt die Kontrolle der Fettzellen-Entwicklung und des Fettgehaltes der Zellen ein. So kann eine Steigerung des Gesamtfettes sowohl durch Vermehrung der Fettzellen als auch durch Erhöhung des Fettgehaltes in den Zellen herbeigeführt werden.

STH mobilisiert bei Säugern das Fett und hemmt die Fettsäuresynthese im Fettkörper. Gleichzeitig wird aber auch durch dieses Hormon die DNS der Zellen vermehrt. Dies äußert sich in erhöhter Inkorporation von Thymidin in den Fettkörperzellen, was auf erhöhtes Wachstum durch Vermehrung der Zellen hinweist. Allerdings werden durch STH wohl in erster Linie Stromazellen und weniger Fettzellen vermehrt, so daß die lipolytische Wirkung überwiegt. Insulinbehandlung fördert bei normalen Ratten den DNS-Einbau in den Stromazellen, vermehrt die Fettzellen und steigert den Triglyzeridgehalt des Fettkörpers.

Die Erhöhung des Fettgehaltes in den Zellen setzt eine Zufuhr von Fettsäuren und Glyzerin voraus. Dies wird gewährleistet durch die Aktivität einer **Lipoprotein-Lipase**, die freies Glyzerin und Fettsäuren bildet. Mit Hilfe von Glyzerophosphat werden in den Zellen Triglyzeride aufgebaut und gespeichert. Diese Triglyzeride in den Zellen können dann durch eine hormonabhängige Lipase wieder gespalten werden. Folgendes Schema zeigt die Zusammenhänge:

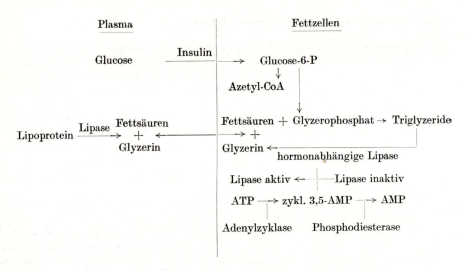

Insulin ermöglicht die Erhöhung der Triglyzeride in der Zelle durch Vermehrung der Glucosezufuhr und Verringerung des Triglyzeridabbaus durch Erniedrigung des Spiegels an zyklischem AMP. STH und Adrenalin aktivieren über zyklisches AMP die Lipase und wirken so lipolytisch. Diese Wirkung wird auch vom ACTH berichtet. Es wäre damit eine direkte Wirkung des ACTH nachgewiesen, die unabhängig von der Nebennierenrinde erfolgt. Dies muß jedoch noch genau untersucht werden.

Für den Aufbau der Triglyzeride in der Zelle ist der geschwindigkeitsbegrenzende Schritt die Spaltung des Lipoproteids. Die Aktivität der Lipoproteid-Lipase variiert mit der Änderung der Proteinsynthese in der Fettzelle. Die genaue Regulation dieses Enzyms ist noch unklar.

Nach dem bisher besprochenen ist der Wirkungsmechanismus des **Adrenalins** bei der Regulation des Stoffwechsels leicht erkennbar. Adrenalin steigert die Konzentration von zyklischem AMP in Leber-, Muskel- und Fettzellen. Die Gewebespezifität dieser Wirkung ist also nicht groß. Adrenalin aktiviert so die Phosphorylase und damit den Glykogenabbau sowohl in Leber-, als auch im Muskelgewebe. Es unterscheidet sich darin von der Wirkungsweise des Glucagons. Dies stimuliert die Phosphorylase nur in der Leber. Diese Gewebespezifität beweist, daß entweder die Aktivierung bestimmter Gene hierbei beteiligt ist oder gewebespezifische Rezeptoren für das Hormonmolekül vorliegen (vgl. Kap. 4.).

Die **Sexualhormone** haben Einfluß auf spezifische Stoffwechselvorgänge, z. B. die Milchbildung, die aber im Vergleich zu den Wirkungen der aufgeführten Hormone wenig Bedeutung besitzen.

Der Einfluß der Vitamine auf den intermediären Stoffwechsel wird aus der Bedeutung dieser Wirkstoffe als Coenzyme deutlich, was schon in Kapitel 2.4. und 2.5. dargelegt wurde.

3.2.2. Verdauung und Bewegung innerer Organe

Bei **wirbellosen Tieren** werden die Verdauung und die Bewegung innerer Organe vom Neurosekret und von den pharmakologisch wirksamen Aminen reguliert. Ein bekanntes Beispiel hierfür sind die peristaltischen und antiperistaltischen Bewegungen bei der Larve der Diptere *Chaoborus* (GERSCH). Diese Bewegungen gewährleisten eine Vermischung der Verdauungssäfte mit der Nahrung. Reizung eines Thorakalganglions regt die Peristaltik und Antiperistaltik des Darmes an. Hierbei ist ein stofflicher Reiz beteiligt. Es kann dies am isolierten Darm nachgewiesen werden, wenn dieser in Ringerlösung gehalten wird, in der vorher das Nervensystem präpariert und die Reizung ausgeführt wurde. Welcher Art diese Neurohormone sind, ist noch ungeklärt. Möglicherweise sind hieran aromatische Aminosäuren beteiligt, denn diese treten nach Reizung des 2. Thorakalganglions vermehrt in der Hämolymphe auf.

Die Herztätigkeit der Insekten wird ebenfalls durch Neurohormone gesteigert. Das Neurohormon D (Molekulargewicht ca. 2000, n. GERSCH) kommt hierfür in erster Linie in Betracht. Nach Untersuchungen von DAVEY soll dieses Neurohormon, das aus den Corpora cardiaca von Schaben isoliert werden kann, nicht direkt auf das Herz wirken, sondern Pericardialzellen zur Freisetzung von Serotonin oder einer ähnlichen Verbindung anregen, die erst die eigentliche Erregersubstanz sein soll. Die Herzbewegung ist anscheinend durch dieses Neurohormon korreliert mit der Darmbewegung und der Kontraktilität der Malpighi-Gefäße. Die Hormonsekretion wird durch Nahrungsaufnahme ausgelöst und damit gleichzeitig die Bewegung der inneren Organe aktiviert.

Bei höheren Crustaceen, den Decapoden, haben die Pericardialorgane Kontakt mit der Blutflüssigkeit, die zum Herzen strömt. Sie enthalten Neurosekret, das den Herzschlag reguliert, indem es die Schlagamplitude und Schlagfrequenz erhöht. Dies wird besonders nach Ausschaltung der nervösen Regulation deutlich.

Seit den Arbeiten von WELSH ist bekannt, daß Acetylcholin und Serotonin die Arbeitsrhythmik des Schneckenherzens regulieren. Neben diesen beiden Pharmaka können auch Neurohormone wirksam sein. Nervenextrakte beschleunigen bei *Helix aspersa* den Herzschlag auf spezifische Weise.

Bei **Wirbeltieren** sind neben den pharmakologisch wirksamen Aminen vor allem die **Gastrointestinalhormone** (Gewebehormone des Gastrointestinaltraktus) an dieser Stelle zu besprechen. Unter diesen Hormonen versteht man Substanzen, die in der Mucosa einiger Teile des Magen-Darm-Traktes entstehen und auf dem Blutweg die Aktivität von Verdauungsorganen stimulieren. Die wesentlichsten von ihnen wurden mit ihrer Wirkung in Kap. 2.2. zusammengestellt.

In der Schleimhaut des Pylorusteiles im Magen wird das **Gastrin** gebildet. Es stimuliert spezifisch die Salzsäuresekretion im Magen, wenn es von seinem Entstehungsort auf dem Blutweg zur Magenwand gelangt. Histamin hat die gleiche Wirkung und ist ebenfalls in dieser Region weit verbreitet. Es wurde jedoch klar nachgewiesen, daß histaminfreie Extrakte aus der Pylorusmucosa noch Säuresekretion stimulieren. Mittels Reinigungsmethoden konnten aus solchen Extrakten zwei Gastrine, Gastrin I und Gastrin II, erhalten werden. Beide bestehen aus 17 Aminosäuren. Bei Gastrin II ist ein Sulfatrest an einem Tyrosinmolekül hinzugefügt. Menschliches Gastrin unterscheidet sich von dem des Schweines durch eine Aminosäure.

Schweine-Gastrin II. Pyr*)-Gln-Pro-Trp-Met-Glu-Glu-Glu-Glu-Glu-Ala-Tyr(SO_3H)-
Gly-Trp-Met-Asp-Phe-NH_2

*) Pyr = Pyroglutaminsäure

Das Hormon ist synthetisiert worden. Hohe Dosen fördern die Sekretion von Pepsin, hemmen jedoch gleichzeitig die Salzsäuresekretion. Diese Dosisabhängigkeit demonstriert die Regulation von Salzsäure und Pepsin im Magen der höheren Wirbeltiere.

Sekretin ist das am längsten bekannte Gewebehormon, bei dessen Entdeckung durch BAYLISS u. STARLING (1902) der Begriff „Hormon" geprägt wurde. Sekretin wird von der Schleimhaut des Duodenum gebildet. Eintritt von saurem Nahrungsbrei in den ersten Darmabschnitt verursacht die Sekretion von Sekretin, worauf die Bauchspeicheldrüse einen Verdauungssaft absondert, der einer bicarbonathaltigen Lösung entspricht. Verdauungsenzyme werden dabei nicht sezerniert. Sekretin soll auch den Gallenfluß von der Leber auslösen. Gleichzeitig hemmt Sekretin die Säureproduktion des Magens, ein Effekt, der früher einem besonderen Gewebehormon, dem Enterogastron, zugesprochen wurde.

Das Sekretin des Schweines besteht aus einer offenen Kette von 27 Aminosauren, wobei schwefelhaltige Aminosäuren, Tyrosin, Tryptophan und Prolin fehlen. Inzwischen wurde von BODANSZKY u. a. ein synthetisches Sekretin mit hoher Aktivität erhalten. Sekretin (1) besitzt im chemischen Aufbau eine große Ähnlichkeit mit Glucagon (2), wie an der Gegenüberstellung der beiden Ketten leicht abzulesen ist:

1. His-Ser-Asp-Gly-Thr-Phe-Thr-Ser-Glu-Leu-Ser-Arg-Leu-Arg-Asp-Ser-Ala-Arg-Leu-Gln-Arg-Leu-Leu-Gln-Gly-Leu-Val-NH$_2$

2. His-Ser-**Gln**-Gly-Thr-Phe-Thr-Ser-**Asp**-**Tyr**-Ser-**Lys**-**Tyr**-**Leu**-Asp-Ser-**Arg**-Arg-**Ala**-Gln-**Asp**-**Phe**-**Val**-Gln-**Trp**-Leu-**Met**-**Asn**-**Thr**

Diese chemische Verwandtschaft spiegelt sich in zwei wichtigen Funktionskreisen wider. Einerseits sind beide Hormone stammesgeschichtlich verwandt. Sie entstehen aus Zellen des Magen-Darm-Traktes, die im Falle des Sekretins verstreut liegen, im Falle des Glucagons im Pankreas zu Inseln konzentriert sind. Falls bei Cyclostomen Glucagon überhaupt vorkommt, dürften die produzierenden Zellen ebenfalls verstreut liegen. Andererseits wirken beide Hormone stimulierend auf die Insulin-Abgabe durch die β-Zellen des Pankreas. Dies ist physiologisch sehr wichtig. Die Stimulation der Insulinsekretion durch Sekretin erreicht, daß die nach der Verdauung auftretenden Monosaccharide wieder aus dem Blut verschwinden.

Bei Gastrin und Sekretin fehlt am Ende eine freie Carboxylgruppe, da das eine Hormonmolekül mit Phenylalaninamid, das andere mit Valinamid endet. Auch Vasopressin, ein Hormon des Hypophysenhinterlappens, besitzt eine Endgruppierung mit Amid. Diese drei Hormone regulieren den Wasserdurchtritt in biologischen Systemen. Für zwei weitere Substanzen, die bei Säugern die Speicheldrüsensekretion anregen, ist diese Gruppierung ebenfalls bekannt: Eledoisin und Physalaemin enden auf Met-NH$_2$. Es muß genauer untersucht werden, ob dieser Struktur an der Kette spezifische Bedeutung für eine Veränderung der Permeabilität von Wasser zukommt.

Cholecystokinin fördert durch Kontraktion der Gallenblasenmuskulatur die Ausschüttung der Galle in den Darm. Dieses Gewebehormon konnte bisher trotz starker Reinigung nicht von **Pankreozymin,** einem anderen Gewebehormon, welches die Anreicherung des Pankreassaftes mit Amylase, Trypsinogen und Lipase bewirkt, abgetrennt werden. Beide Wirkungen dürften von einem Molekül (CCK-PZ) ausgehen. Dies Molekül enthält kein Threonin und Cystein. Seine Endgruppierung (-Tyr(SO$_3$H)-Met-Gly-Trp-Met-Asp-Phe-NH$_2$) stimmt mit der des Gastrin II überein.

Villikinin aus der Duodenumwand ist für die Bewegung der Darmzotten notwendig. **Enterocrinin**, gebildet in der Jejunum-Wand, fördert die Sekretion der Drüsen von Jejunum und Ileum. Über die Verbreitung dieser letztgenannten Gewebehormone ist kaum etwas bekannt.

3.2.3. Osmomineralhaushalt und Exkretion

Die Regulation der Elektrolytkonzentration und des Wassergehaltes im Organismus ist für alle Lebewesen essentiell. Alle lebenden Zellen sind nur innerhalb bestimmter Konzentrationsbereiche von Na-, K- und Ca-Ionen lebensfähig. Auch der Wassergehalt ist nur begrenzt variabel, weil sonst der osmotische Wert der Zellen zu hoch oder zu niedrig wird. Aus diesem Grund ist die Regulation des Osmomineralhaushaltes eine wichtige physiologische Aufgabe für verschiedene Hormone. Einige Probleme hierbei seien kurz erwähnt.

Hormone regulieren an verschiedenen Organen Vorgänge, bei denen Ionen- oder Wasserverschiebungen auftreten. Die Membranpermeabilität von Zellen kann für Ionen oder Wasser unterschiedlich groß sein. Die aktive Transportrate für Ionen, die Filtrationsrate und auch die intrazellulare Ionen- oder Partikelkonzentration sind variabel, so daß dadurch Anpassungs- und Regulationsvorgänge erfolgen können. In Organismen liegen normalerweise unterschiedliche Ionenverteilungen vor. Das Innere der Zellen enthält höhere K^+-, das umgebende Serum hohe Na^+-Konzentrationen. Dieses Ungleichgewicht ist ein Charakteristikum höher organisierter tierischer Organismen.

Bei höheren Organismen sind die Organe, an denen der Elektrolyt- und Wasseraustausch reguliert wird, vor allem Haut und Exkretionsorgane. Aber auch Kiemen und Darm spielen hier eine Rolle. Besonders wichtig ist die Regulation des Osmomineralhaushaltes bei Wassertieren. Im Meerwasser besteht die Regulation darin, den Wasserverlust der Tiere gering zu halten und Elektrolyte aus den Organismen zu entfernen. Tiere, die im Süßwasser leben, müssen eingedrungenes Wasser vermehrt abgeben und Elektrolyte selektiv aufnehmen und festhalten. Wirbeltiere unterscheiden sich von vielen Wirbellosen im Meerwasser vor allem dadurch, daß sie Homeostase, u.a. also auch konstante Konzentration von Elektrolyten, im Blut einzuhalten vermögen. Das setzt eine umfangreiche Regulationsfähigkeit voraus, was durch die Höherentwicklung des Hormonsystems gewährleistet wird.

Besondere Bedeutung gewinnt die Regulation des Osmomineralhaushaltes dann, wenn Tiere sowohl im Meer- als auch im Süßwasser leben oder wenn Landtiere Trockenperioden überdauern müssen.

3.2.3.1. Regulation bei wirbellosen Tieren

Bei **Plathelminthen**, **Anneliden** und **Mollusken** sind die äußere Körperbedeckung und die relativ einfach gebauten Nephridialorgane an der Regulation des Osmomineralhaushaltes beteiligt. Auf diese Organe wirken Stoffe, die vom Nervensystem abgegeben werden. Entfernt man bei Oligochaeten, z.B. *Lumbricus terrestris* und *Eisenia foetida*, das Gehirn, so strömt vermehrt Wasser in die Tiere ein, und die Na-Konzentration im Blut wird erniedrigt. Durch Injektion von Gehirnextrakt oder Transplantation von Gehirn wird dieser Prozeß wieder rückgängig gemacht. Da diese Tiere im hypotonischen Medium leben, bedeutet dies, daß Neurosekrete entweder die Permeabilität für einströmendes

Wasser erniedrigen oder die Exkretion von Wasser steigern (KAMEMOTO u.a.). Ein Polychaet, *Nereis virens*, kann in Wasser unterschiedlicher Salinität überleben. Wird er von Meerwasser in Brack- oder Süßwasser gebracht, so vermehren sich die neurosekretorischen Zellen im Gehirn und die Aktivität dieser Systeme. Um den erhöhten Wassereinstrom, der sich aus dem Absinken des äußeren osmotischen Druckes ergibt, zu kompensieren, wird von diesen neurosekretorischen Zellen ein diuretisch wirkender Faktor produziert, der den Wassergehalt wieder normalisiert. Wo dieses Hormon zur Wirkung gelangt, ist unbekannt.

Auch bei Turbellarien *(Dendrocoeleum lacteum:* UDE*)* und Mollusken *(Lymnaea stagnalis:* LEVER u.a.*)* werden gleichartig wirkende Neurosekrete produziert. Auch bei Seesternen *(Asterias glacialis:* UNGER) lassen histologische Veränderungen des neurosekretorischen Systems vermuten, daß ein stofflicher Faktor beim Absinken des äußeren osmotischen Druckes die erhöhte Wasseraufnahme ausgleicht.

Es gibt also bei diesen Wirbellosen Hinweise auf ein Hormon, das den Wassergehalt des Körpers herabsetzt, wenn es nötig ist, d.h. entweder diuretisch wirkt oder die Permeabilität für einströmendes Wasser herabsetzt.

Bei **Krebsen** und **Insekten** sind daneben auch antidiuretisch wirkende Prinzipien nachgewiesen. Diese Regulationsprinzipien stehen in besonderer Beziehung zur Häutung. Wenn die alte Schale abgestoßen wird, tritt kurzfristig vermehrt Wasser ein. Dies ist bedingt durch einen hohen osmotischen Wert im Inneren. Das häutungshemmende Hormon des Augenstiels oder ein anderes Neurosekret verhindern diese Erhöhung des osmotischen Druckes im Inneren, was durch Antidiurese erreicht wird.

Bei Insekten greifen diuretisch und antidiuretisch wirkende Hormone an den Exkretionsorganen und dem Rectum an. Die Cuticula ist bei landlebenden Formen häufig mit einer Wachsschicht bedeckt, so daß der Wasserverlust und die Wasseraufnahme durch die Haut reduziert sind. Nach der Nahrungsaufnahme bei der blutsaugenden Wanze *Rhodnius prolixus* muß plötzlich vermehrt Wasser durch die Malpighischen Gefäße ausgeschieden werden. Die diuretische Aktivität nach der Nahrungsaufnahme geht von der Ganglienmasse im Mesothorax aus (MADDRELL). Bei anderen Spezies produzieren cerebrale neurosekretorische Zellen das diuretische Hormon. Zerstörung dieser Zellen bei *Schistocerca* oder *Locusta* verursacht einen Anstieg im Hämolymphe-Volumen.

Man kann bei Heuschrecken die Funktion der Exkretionsorgane durch Injektion eines Farbstoffes (z.B. Amaranth) bestimmen. Dieser wird nach Einwirkung des diuretischen Hormons verstärkt ausgeschieden. Injektion eines Extraktes aus dem Speicherteil der Corpora cardiaca fördert die Exkretion von Amaranth. Auf diese Weise konnte bewiesen werden, daß injizierter Extrakt 30 min lang an den Malpighischen Gefäßen wirksam bleibt. Um zu prüfen, ob das diuretische Hormon auch auf die Wasserreabsorption im Rectum einwirkt, füllte man sackartig abgebundene Enddarmstücke, bei denen die Innenseite nach außen gebracht worden war, mit physiologischer Salzlösung, der Corpora cardiaca-Extrakt zugesetzt worden war. Ohne Extrakt-Zusatz strömte Wasser durch die Wand in den Sack, d.h. vom Rectal-Lumen zur Hämolymphe. Mit Extrakt unterblieb dies. Das diuretische Hormon fördert also die Wasserexkretion durch die Malpighischen Gefäße und verhindert die Wasser-Reabsorption im Rectum (Abb. 21, n. MORDUE).

Am Rectum von Schaben läßt sich ein antidiuretischer Faktor demonstrieren, der wahrscheinlich auch in neurosekretorischen Zellen des Gehirns gebildet wird. Ein bei Schaben isoliertes Neurohormon (Neurohormon D_1) steigert an den Malpighischen Gefäßen von *Carausius* die Reabsorption (GERSCH, UNGER).

a) Verhältnisse in situ (diuretische Wirkung)

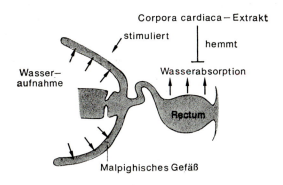

b) Präparation aus umgedrehtem Rectum

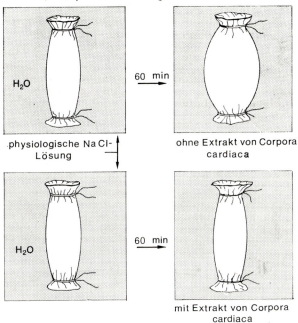

Abb. 21. Regulation der Diurese bei Insekten durch Corpora cardiaca-Extrakte. Nach MORDUE u. a.

3.2.3.2. Regulation bei Wirbeltieren

Bei allen Wirbeltieren mit Ausnahme der Myxinen (Cyclostomen) wird die Konzentration von Na^+, K^+ und Ca^+ im Blut unabhängig von der Konzentration im Außenmedium nahezu konstant gehalten. Diese Homeostase bewirken eine Reihe von Hormonsystemen (Abb. 22): der Hypophysenhinterlappen, das ACTH-Nebennierenrindensystem, das Prolaktin des Hypophysenvorderlappens, die Urophyse, die Stanniuskörper. Untergeordnete Bedeutung haben Schilddrüse und Gonaden. Für den Ca-Stoffwechsel sind Parathyreoidea und Ultimobranchialkörper verantwortlich.

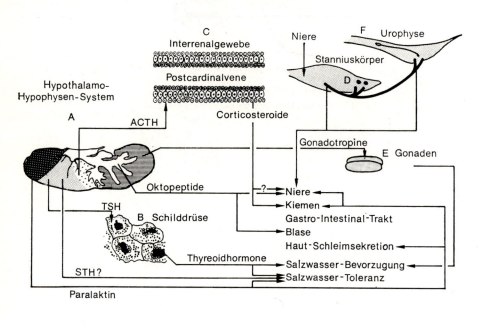

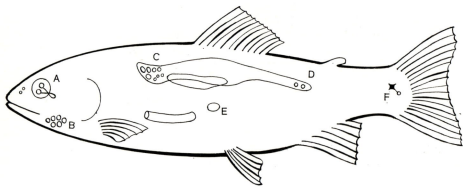

Abb. 22. Hormonsysteme zur Regulation des Osmomineralhaushaltes bei Fischen. Angabe der reagierenden Organsysteme. Nach BERN.

Bei Fischen ist ein besonders kompliziertes Regulationssystem aufgebaut. Die Haut der Fische ist weitgehend impermeabel, nur die Kiemen vollziehen den Austausch zwischen innerem und äußerem Milieu. Einige Fische wechseln im Ablauf ihres Lebens vom Süß- ins Meerwasser oder umgekehrt. Der Aal, dessen Jungtiere in das Süßwasser wandern, dort heranwachsen und im laichreifen Zustand wieder in das Meer zurückkehren, und Lachse, die zum Laichen das Süßwasser aufsuchen, sind die bekanntesten Beispiele hierzu. Viele Fische leben in Küstenregionen der Meere und vertragen Aussüßung relativ gut (euryhaline Fische). Andere wiederum tolerieren nur geringfügige Änderungen des äußeren Milieus (stenohaline Fische) (Abb. 23).

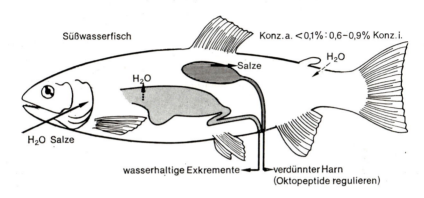

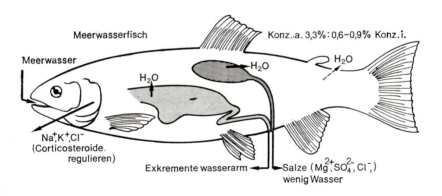

Abb. 23. Unterschiede in den Durchtrittsraten von Wasser und Salzen an verschiedenen Organsystemen bei Süßwasser- und Meeresfischen.
Konz. a = Salzkonzentration der Umgebung; Konz. i = Salzkonzentration im internen Milieu.

Wie verhelfen die Hormone zu dieser Adaptationsfähigkeit, wie regulieren sie diese Veränderungen, die als Folge der Umstellung auftreten?

Die **Oktopeptide des Hypophysenhinterlappens** regulieren bei allen Vertebraten die Wasserabgabe durch das Nephron der Niere. Diese Oktopeptide sind das aus dem Neurohaemalorgan freigesetzte Neurosekret, das in den Kerngebieten des Hypothalamus gebildet wird. Dem Hypothalamus muß eine Information darüber zugeleitet werden, ob die Konstanz des inneren Milieus die Abgabe von Hinterlappenhormon erfordert. Daraufhin werden Oktopeptide freigesetzt und Neurosekret verstärkt gebildet. Wie der Hypothalamus die Information erhält, ist ungeklärt. Möglicherweise gibt es hierfür Rezeptoren an der Ventrikelwand, die Veränderungen des Liquor cerebrospinalis wahrnehmen, welcher im Austausch mit den übrigen Körperflüssigkeiten steht.

Die Hinterlappenhormone wirken bei Landwirbeltieren (Amphibien, Reptilien, Vögeln, Säugern) adiuretisch. Sie fördern die Rückresorption von Wasser aus dem distalen Tubulus des Nephrons. Für den Wirkungsmechanismus sind verschiedene Modelle aufgestellt worden. Nach einem dieser Modelle bewirkt die Anlagerung der S-S-Gruppierung im Oktopeptid an die Zellmembran, daß „wäßrige" Poren geöffnet werden. Hierzu werden zwischen der S-S-Gruppe im Molekül und einer solchen in der Membran Brücken geschlagen. Es weichen hierdurch Bindungen in der Membran auf, und Wasser kann hindurchtreten. Einem solchen allgemeinen Mechanismus widerspricht die Tatsache, daß ein weitgehend spezifischer Einfluß auf bestimmte Bezirke des Nephrons nachzuweisen ist. Es dürften daher auch bei diesem Effekt Gene aktiviert und Eiweißsynthesen stimuliert werden.

Bei Säugern wirkt Vasopressin (Arginin- oder Lysin-Vasopressin) antidiuretisch. Bei Vögeln und anderen Tetrapoden sind es vor allem Arginin-Vasotocin und auch Oxytocin, die die Rückresorption von Wasser erhöhen. Dagegen hat bei Fischen Arginin-Vasotocin, wie auch das hier auftretende Isotocin, diuretische Wirkung. Diese interessante Wirkungsumkehr bei den niederen Vertebraten im Vergleich zu Landwirbeltieren muß ebenfalls als gewebespezifische Reaktion verstanden werden. Die Nierentubuli der Teleosteer reagieren auf die Oktopeptide entgegengesetzt wie die bei höheren Wirbeltieren (MAETZ u.a.). Bei Wirbeltieren haben die Oktopeptide eine bemerkenswerte phylogenetische Entwicklung sowohl in bezug auf die Funktion als auch auf die biochemische Struktur erfahren (Kap. 3.3.).

Die Bedeutung der **Nebennierenrindenhormone** bei Fischen wurde speziell an den Formen, die das äußere Milieu wechseln, erkannt. Beim Aal und bei Lachsen, doch auch bei den übrigen Fischen, wird vor allem Cortisol produziert. Während Cortisol bei höheren Wirbeltieren ein Glucocorticoid (Regulator des Kohlenhydratstoffwechsels) darstellt, reguliert es bei Fischen vor allem den Osmomineralhaushalt. Aldosteron, das Mineralocorticoid (Regulator des Osmomineralhaushaltes) der Säuger, kommt nur bei einigen Fischarten vor, tritt dann aber bevorzugt bei Landwirbeltieren auf. Cortisol fördert bei Fischen die NaCl-Exkretion durch die Kiemen, die hier als wichtigstes „Exkretionsorgan" für NaCl dienen. Injiziert man Süßwasserfischen Cortisol, so erhöht sich die Abgabe von Na^+ durch die Kiemen. Dies läßt vermuten, daß bei der Wanderung der Fische vom Süßwasser ins Meerwasser die Nebennierenrinde (das Interrenalorgan) aktiviert wird, was histophysiologische Untersuchungen bestätigt haben. Interessanterweise wird dieses Organ auch aktiviert, wenn Fische von Meer- an Süßwasser adaptiert werden, wie es an einigen euryhalinen Fischen nachgewiesen werden konnte. Wahrscheinlich verändern Hormone der Nebennierenrinde allgemein die Permeabilität der äußeren Körperbedeckung, wenn die Tiere an eine veränderte Umwelt adaptiert werden (CHESTER JONES, HANKE u.a.).

Bei Landwirbeltieren beeinflußt Aldosteron die Rückresorption von Na^+ im Nierentubulus und die Permeabilität der Froschhaut und -blasenwand. Corticosteroide verringern auch die Wassereinlagerung in der Haut und vielen Organen von Amphibien. Die

Permeabilität der Haut wird vergrößert und auch die Durchtrittsrate für Na^+ erhöht. Bei dieser Aldosteronwirkung ist eine Latenzzeit zu beobachten. Dies beruht wohl darauf, daß Aldosteron zunächst eine Reihe chemischer Reaktionen auslöst, die dann zur Steigerung der Durchtrittsrate führen. Actinomyzin D und Puromyzin hemmen die Wirkung von Aldosteron auf den Na-Transport an der Froschhaut und -blase. Die Synthese neuer Proteine ist also für die Steigerung der Transportrate erforderlich.

Die Steigerung der Na-Reabsorption am Nierentubulus der Säuger beruht wahrscheinlich auf einem ähnlichen Mechanismus wie an der Froschhaut (Abb. 24).

Bei Vögeln und Reptilien kommt der Nasendrüse eine besondere osmoregulatorische Rolle zu. Dies ist eine Drüse, die in der Nasalregion des Kopfes entwickelt ist. Sie hat Bedeutung bei Tieren, die mit Meerwasser in Berührung kommen (z. B. einigen Enten- und Möwenvögeln, einigen Schildkröten). Neben einer nervösen (parasympathischen) Regulation der Funktion vergrößern ACTH und Corticosteroide die Salzausscheidung durch diese Drüse. Diese Tiere trinken Meerwasser und müssen das überschüssige Salz durch diese Drüse wieder ausscheiden. Verantwortlich für diesen Effekt ist vor allem das Corticosteroid Corticosteron. Aldosteron hat nur geringen Einfluß.

An der Regulation des Osmomineralhaushaltes der Fische sind noch drei weitere Hormonsysteme beteiligt: die Adenohypophyse mit **Prolaktin,** die **Urophyse** und die **Stanniuskörper.** Die letzten beiden Organe kommen, soweit bisher bekannt, nur bei Fischen vor. Das Prolaktin hat im Laufe der stammesgeschichtlichen Entwicklung innerhalb der Wirbeltiere einen interessanten Funktionswandel erfahren (vgl. Kap. 3.3.).

Nachdem einige Jahre bezweifelt wurde, daß Prolaktin bei Fischen überhaupt vorkommt, wird dies heute weitgehend bejaht. Da das Fisch-Prolaktin chemisch vom Prolaktin der übrigen Wirbeltiere unterschieden sein dürfte, wird es oft Paralaktin genannt. Über die chemische Struktur ist nichts Genaues bekannt. Die Bedeutung des Paralaktins für den Osmomineralhaushalt konnte beim Zahnkarpfen, *Fundulus heteroclitus,* nachgewiesen werden. Dieser euryhaline Fisch überlebt im Süßwasser nur dann, wenn seine Hypophyse vorhanden ist. Hypophysektomierte Tiere können mit Prolaktin-Injektionen (Säuger-Prolaktin) am Leben gehalten werden. Hypophysen-Implantationen sind ebenso wirksam (PICKFORD u. a.). Das Hormon ist bei verschiedenen Spezies anscheinend unterschiedlich notwendig. Aal und Goldfisch z. B. überleben auch ohne Hypophyse im Süßwasser (OLIVEREAU u. a.). Der Wirkungsmechanismus des Paralaktins ist unbekannt. Es verringert wahrscheinlich die Permeabilität der Haut, vielleicht durch erhöhte Schleimproduktion in der Haut. Besonders an den Kiemen wird der Einstrom von Wasser signifikant reduziert (LAM).

Die Beteiligung des Paralaktins bei der Konstanterhaltung des Osmomineralhaushaltes wird auch durch histologische Untersuchungen an der Adenohypophyse bewiesen. Zellen im rostralen Teil derselben wurden als Produzenten für Paralaktin erkannt. Sie erscheinen stimuliert, wenn die Tiere in Süßwasser gehalten werden, und inaktiv bei Meerwassertieren.

Die Urophyse ist ein bei Fischen nachgewiesenes Neurohaemalorgan im Schwanzabschnitt. Hier liegen neurosekretorische Zentren am Rückenmark, deren Axone ein unterschiedlich gestaltetes Neurohaemalorgan bilden (Abb. 25). Die Funktion des Organs am Hinterende des Fischkörpers ist bis heute umstritten. Es wurde schon bald nach der Entdeckung vermutet, daß es eine osmoregulatorische Bedeutung hat. Auf Änderung der Salzkonzentration hin soll sich die elektrophysiologisch feststellbare Nerventätigkeit in diesem Organ verändern (BERN). Nach Entfernung der Urophyse ist die Sterberate bei manchen Fischen in Meerwasser größer als normal. Extrakte aus diesem Organ wurden

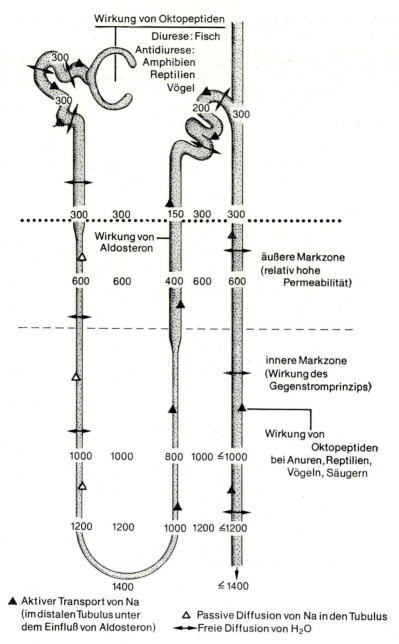

Abb. 24. Harnproduktion im Nephron der Wirbeltiere (nachgewiesen vor allem durch Untersuchungen am Säuger-Nephron). Zahlenangaben = Osmolalität bei Antidiurese. Aktiver Austritt von Na aus dem mittleren Schenkel bedingt H_2O-Ausstrom aus dem proximalen Tubulus bei passivem Eintritt von Na in diesen Schenkel.

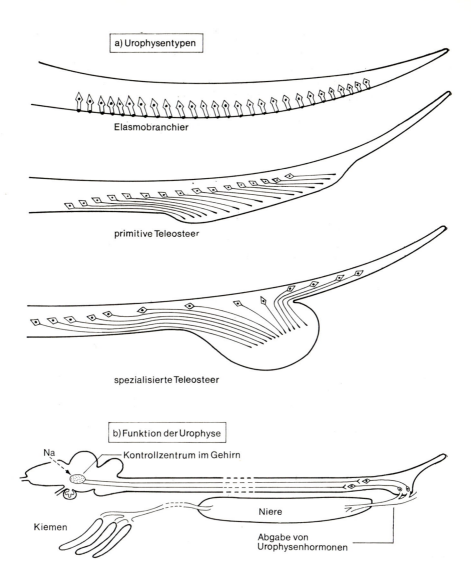

Abb. 25. Typen der Urophysen bei verschiedenen Fischen und Gefäßverbindungen der Urophyse, die zur Funktion notwendig sind. Nach BERN, CHESTER JONES u. a.

auf verschiedenste Aktivitäten hin getestet. Die Wirkstoffe dieser Extrakte sollen den Hinterlappenhormonen vergleichbar sein (STERBA), den Wasserdurchtritt durch die Blasenwand bei der Kröte stimulieren (LACANILAO), den Na^+-Einstrom durch die Kiemen erhöhen (MAETZ), Kontraktionen der Muskulatur der Forellenharnblase auslösen (LEDERIS, GESCHWIND).

Eine wichtige Wirkung erkennt man daran, daß Extrakte von Urophysen beim Aal die Nierentätigkeit verändern. Da die Sekretionsprodukte der Urophyse über den Nierenpfortaderkreislauf in den venösen Nierenzufluß gelangen (Abb. 25) und hier den Blutdruck erhöhen (CHESTER JONES, CHAN u. a.), könnte die Urophyse auf diese Weise die Nierentätigkeit regulieren. Darin würde sich dann die Bedeutung der extremen Lage des Organs zeigen.

Ein Vergleich zwischen Urophysenextrakt und Isotocin (Hinterlappenhormon der Teleosteer), Angiotensin II (Nierenregulation bei Säugern) und Extrakt der Stanniuskörper (Beeinflussung der Nierentätigkeit bei Fischen) zeigt das Zusammenwirken der Substanzen an den Exkretionsorganen der Fische:

	Nierentätigkeit		Harnfluß	Blutdruck	Na^+-Exkret.
	glomerul. Filtrationsrate (Inulin-Clearance)	Gesamt-Clearance (PAH-*) Clearance)			
Urophysenextr.	+	+	+	+	+
Isotocin	+	+	+**)	—	0
Angiotensin II	+	+	+	+	+
Adrenalin	+	+	+	+	+
Stanniuskörper-Extrakt					
niedr. Dosen	— (reduziert)	+	+	0	?
hohe Dosen	—+	?	+	+	?

*) PAH = p-Aminohippursäure
**) Vasodilatation

Ähnlich unterschiedlich diskutiert wird bei Fischen die Funktion der Stanniuskörperchen. Es sind Organe in der Nähe der Niere, die zunächst als Nebennieren angesehen wurden. Inzwischen ist geklärt, daß die Stanniuskörperchen auf andere Weise entstehen als die Nebenniere und daß diese Körperchen wahrscheinlich keine Steroidhormone bilden. Ihr Sekret beeinflußt ebenfalls die Nierentätigkeit. Von einigen Autoren (CHESTER JONES u. a.) werden diese Körperchen mit dem juxtaglomerulären Apparat der Säuger verglichen, einer Zellansammlung in der Arteriolenwand im Nierenglomerulum, dem Ort der Reninbildung. Vor allem histologische Befunde haben wahrscheinlich gemacht, daß die Stanniuskörperchen mit der Veränderung des inneren Milieus ihre Funktion variieren.

Bei Wirbeltieren sind noch weitere Systeme für die Regulation der Elektrolyte verantwortlich. Diese endokrinen Organe sind Derivate des Kiemendarms, die branchiogenen Organe. Hierzu zählen neben der **Schilddrüse** die **Parathyreoidea**, die **Ultimobranchialkörper** und die **Thymusdrüse.** Sie entstehen aus unterschiedlichen Teilen der Kiementaschen bei den verschiedenen Formen (Abb. 26).

Die Schilddrüse spielt im Osmomineralhaushalt keine besondere Rolle, wenn auch einige Befunde, die an der Amphibienhaut und -blase gewonnen wurden, dafür sprechen, daß Thyroxin den Na-Transport steigert. Die Thymusdrüse besitzt hauptsächlich Funktionen

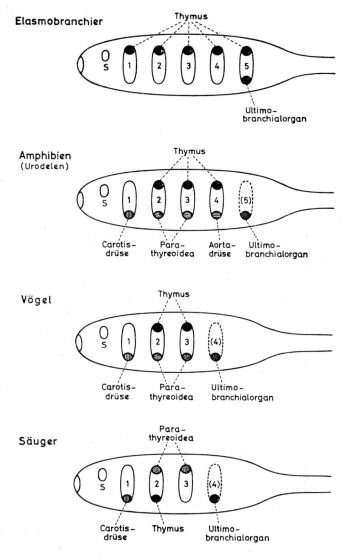

Abb. 26. Entwicklung der branchiogenen Organe aus den Kiementaschen 1—5 bei verschiedenen Wirbeltierklassen.

als reticuloendotheliales System. Ihre Bedeutung als hormonproduzierendes Zentrum ist umstritten. Wahrscheinlich wird ein Peptid abgegeben, Thymosin genannt, das Bedeutung für die Reifung lymphoider Zellen aus Knochenmark, Milz und anderen reticuloendothelialen Systemen besitzt. Das Fehlen dieses Wirkstoffes verhindert, daß immunologisch kompetente Lymphozyten entstehen. Thymosin soll ähnlich wie ein Adjuvans die immunologische Kapazität steigern (GOLDSTEIN u. a.).

Parathyreoidea und Ultimobranchialorgane regulieren bei Wirbeltieren den Ca^{2+}- und PO_4^{3-}-Stoffwechsel. Die Parathyreoidea sezerniert das Protein Parathormon, dessen Bedeutung für den Ca-Stoffwechsel schon zu Beginn dieses Jahrhunderts von MacCallum u. Voegtlin nachgewiesen wurde. Ein Extrakt aus dieser Drüse steigert den Ca-Gehalt des Blutes durch Freisetzung von Ca aus dem Knochen. Entfernung der Parathyreoidea kann infolge Ca-Mangels zum Tode führen. Bei Säugern liegt die Parathyreoidea in die Thyreoidea eingebettet, so daß bei Thyreoidektomie dieses Organ oft mit entfernt wird.

Chemisch besteht Parathormon aus 83 Aminosäuren. Die Aminosäuren, die das Molekül aufbauen, sind bekannt. Für die Sequenz besteht ein Arbeitsmodell.

Der Wirkungsmechanismus des Parathormons ist in der Knochenzelle zu suchen. Hier stimuliert Parathormon die Adenylcyclase, die zyklisches AMP aus ATP bildet. Letzteres wirkt auf die Lysosomen und fördert die Synthese und Abgabe lysosomaler Enzyme. Durch diese Enzyme wird der Knochen abgebaut, und es werden damit Ca- und PO_4-Ionen frei. Allerdings reichert sich das PO_4^{3-} nicht im Blut an. Vielmehr stimuliert Parathormon die Phosphatausscheidung durch die Nieren. So erhöht sich auf eine Injektion die PO_4^{3-}-Konzentration im Harn, aber nicht die Ca^{2+}-Menge (Abb. 27).

Bedeutsamerweise fehlt den Elasmobranchiern und Teleosteern eine Parathyreoidea. Die Entstehung eines solchen Hormonzentrums bei den Landwirbeltieren wird damit verständlich gemacht, daß Landwirbeltiere mit der Nahrung größere Mengen an Phosphat, verglichen mit Ca-Ionen, aufnehmen. Marine Fische finden in ihrer Umwelt geringere Phosphat- und höhere Calcium-Konzentrationen. Die genaue Regulation des Blut-Ca-Spiegels ist bei Fischen noch unbekannt. Es wird vermutet, daß die Stanniuskörper hierbei mitwirken.

Das Calcitonin, das von den Ultimobranchialkörpern abgegeben wird, kommt bei allen Wirbeltieren vor. Es wurde vor etwa 10 Jahren zum ersten Mal nachgewiesen. Seine chemische Natur ist bekannt, die Synthese inzwischen gelungen. Es ist ein Peptid aus 32 Aminosäuren. Allerdings existieren umfangreiche Unterschiede zwischen den Hormonen verschiedener Wirbeltierklassen. Bei Säugetieren liegt das Ultimobranchialgewebe in die Schilddrüse eingebettet. Calcitonin wurde daher aus der Schilddrüse isoliert und Thyreocalcitonin genannt.

Calcitonin erniedrigt den Ca^{2+}-Gehalt des Blutes bei allen Wirbeltiergruppen. Auch die PO_4^{3-}-Konzentration sinkt ab, weil beide Ionen vermehrt in den Knochen eingebaut werden. Calcitonin senkt den Spiegel von zyklischem AMP und hemmt damit die Synthese und Abgabe von lysosomalen Enzymen (Abb. 27).

Die Abgabe von Parathormon und Calcitonin wird direkt durch den Ca-Gehalt des Blutes reguliert. Ein stimulierender Einfluß von Nerven oder anderen Stoffen ist nicht bekannt.

Von den übrigen Wirkstoffen spielt Vitamin D eine wichtige Rolle beim Einbau von Ca in den Knochen. Das Fehlen dieses Vitaminkomplexes (D_2, D_3) bewirkt Rachitis, eine Knochenerkrankung im Kindesalter. Sein Wirkungsmechanismus beruht auf der Begünstigung des Ca^{2+}-Transportes in phospholipidhaltigen Membransystemen. Für die Wirkung des Parathormons auf den Ca^{2+}-Transport ist anscheinend Vitamin D notwendig.

Nach Vitamin-D-Gaben steigt die Konzentration des Zitrats im Blut an, der Übergang von Pyruvat zu Zitrat wird beschleunigt (Abb. 4). Möglicherweise wirkt dieses Zitrat mit bei der Ca^{2+}-Aufnahme durch die Knochenzelle.

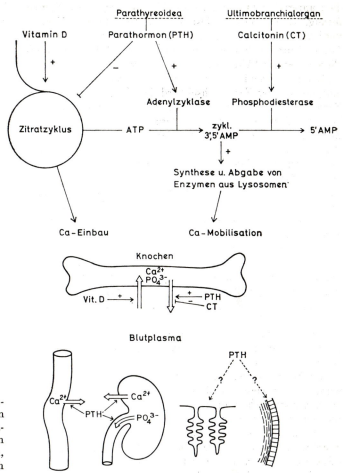

Abb. 27. Wirkungsmechanismus von Parathormon und Calcitonin in Verbindung mit Vitamin D an Knochen, Darm, Nieren, Kiemen und Haut. Nach COPP u. a.

3.2.4. Farbwechsel

Der Farbwechsel ist ein Vorgang, bei dem Veränderungen an Pigmentgranula-tragenden Zellen, den Chromatophoren, eintreten. Die Chromatophore ist eine verästelte Zelle, in deren Ausläufer die Pigmentgranula nach geeigneten Reizen hin eindringen. In diesem Dispersionsstadium erscheinen die Tiere dunkel, wenn dunkel gefärbte Melaningranula vorliegen (Melanophoren). Nach ihrer Farbe unterscheidet man außer Melanophoren (schwarz-braun) noch Erythrophoren (rot), Xanthophoren (gelb), Leukophoren (weiß), Iridophoren und Guanophoren (beide schillernd oder reflektierend).
Die Verteilung der Pigmentgranula in den Pigmentzellen wird anschaulich in 5 Sta-

dien unterteilt: Stadium 1 — völlig konzentriertes Pigment, die Zelle erscheint punktförmig, obwohl sie ihre Gestalt nicht wesentlich geändert hat, nur das Pigment geballt vorliegt. Stadium 2 — die ersten Ausläufer sind mit Pigment gefüllt. Stadium 3 und 4 — fortgeschrittene Pigmentverteilung in viele Äste. Stadium 5 — die gesamte Zelle ist von Pigment erfüllt (Abb. 28).

Man unterscheidet einen morphologischen und einen physiologischen Farbwechsel. Als morphologischer Farbwechsel wird der Vorgang definiert, der auf einer Vermehrung der Farbzellen oder einer Vermehrung des Pigmentes in den Farbzellen basiert. Physiologischer Farbwechsel dagegen beruht auf einer Verschiebung der Pigmentgranula in der Zelle, der Konzentration oder der Dispersion, oder einer gerichteten Wanderung des Pigmentes. Vor allem der physiologische Farbwechsel, also allgemein die Pigmentverschiebung in den Zellen, wird hormonal reguliert. Zwar sind auch beim morphologischen Farbwechsel Hormone beteiligt, die Festlegung der Muster jedoch beruht vorwiegend auf intrazellularen Aktivationsprozessen, die durch Induktionswirkungen ausgelöst werden.

Die Bedeutung des physiologischen Farbwechsels liegt vor allem in der Untergrundanpassung. Daneben spielen auch Farbänderungen beim Paarungsverhalten und bei Temperaturregulation mit.

Zur endokrinen Regulation des **morphologischen Farbwechsels** seien Beispiele von **Insekten** und **Amphibien** erwähnt. Bei längerer Einwirkung charakteristischer Untergrundfärbung wird bei einigen Insektengruppen nach der nächsten Häutung eine Umfärbung als Anpassung beobachtet. Dies kann bei Wanderheuschrecken, bei Stabheuschrecken, bei Blattwanzen und bei Schmetterlingen festgestellt werden. An der Auslösung dieser Umfärbung sind teilweise die Corpora allata beteiligt. Die Farbanpassung von *Pieris*-Raupen unterbleibt, wenn das Gehirn oder das Unterschlundganglion entfernt werden (GERSCH, UNGER). An der Umfärbung bestimmter Schmetterlinge (z. B. *Cerura vinula*) bei der Verpuppung ist das Ecdyson mitbeteiligt (BÜCKMANN u.a.). Bei Amphibien wurde nachgewiesen, daß lang anhaltende Verdunkelung des Körpers durch physiologischen Farbwechsel auch zu einer Vermehrung der Pigmentzellen und damit zum morphologischen Farbwechsel führt (PEHLEMANN).

Ein **physiologischer Farbwechsel** wird bereits bei **Anneliden** und **Mollusken** festgestellt. Klare Ergebnisse über die Steuerung der Verdunkelung liegen beim Fischegel *(Piscicola)* vor. Im Vorderende des Tieres gibt das Zentralnervensystem einen Verdunkelungsfaktor ab (GERSCH, RICHTER). Am Farbwechsel der Cephalopoden, bei denen die Farbzellen durch Muskelzellen bewegt werden, sind vor allem neurohumorale Agenzien beteiligt.

Bei **Insekten** ist der physiologische Farbwechsel in der Haut von *Carausius* und bei den Melanophoren auf den Tracheenblasen von *Chaoborus* am besten bekannt. Gehirn und Bauchmark enthalten bei *Chaoborus* Regulatoren dieses Farbwechsels. *Carausius morosus* verdunkelt sich nach Einfluß von Neurohormon C; das Pigment konzentriert sich auf Neurohormon D hin. Beide Neurohormone werden im Gehirn gebildet und wurden von GERSCH u.a. aus dem Nervensystem von Schaben isoliert.

Die Chromatophoren von **Crustaceen** zeigen, ebenso wie die von Amphibien, einen sehr ausgeprägten Pigmentwanderungseffekt. Crustaceen-Chromatophoren können eines oder mehrere Pigmente enthalten. Wahrscheinlich stellen polychromatische Chromatophoren syncytiale Zusammenschlüsse mehrerer Zellen dar.

Abb. 28. Stadien der Melanophorenpigment-Veränderung. (siehe Abb. S. 117)

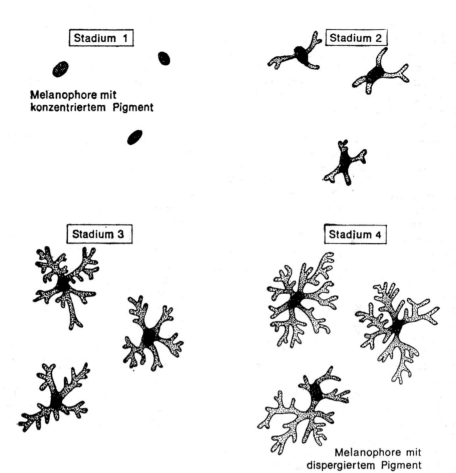

Stadium 1 — Melanophore mit konzentriertem Pigment

Stadium 2

Stadium 3

Stadium 4 — Melanophore mit dispergiertem Pigment

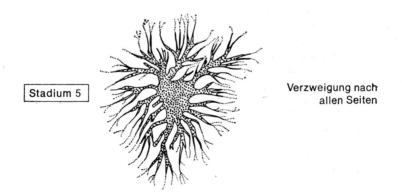

Stadium 5 — Verzweigung nach allen Seiten

Bei höheren Crustaceen, vor allem den Decapoden, wurde 1925—1928 von KOLLER und PERKINS festgestellt, daß das Blut Stoffe zu den Chromatophoren bringt, die die Wanderung der Farbzellen regulieren. Diese Farbwechsel-aktiven Hormone entstehen als Neurosekret im Zentralnervensystem. Der Komplex, bestehend aus X-Organ und Sinusdrüse, ist die Quelle vieler Chromatophorotropine (Abb. 30). Aber auch in den Kommissuren um den Oesophagus werden Neurosekrete gebildet, die die Farbzellen beeinflussen.

Bei allen untersuchten Formen (Garneelen, Brachyuren, Macruren) konnten mehrere Wirkstoffe getrennt und angereichert werden. Bei der Garneele *Crangon* z. B. entläßt der Augenstiel ein Hormon, das nur die Pigmentgranula in den Melanophoren des Körpers konzentriert, und ein zweites, das die der Melanophoren des Körpers und des Schwanzes zusammenballt. Bei diesen Formen findet sich im Postcommissuralorgan ebenfalls ein Körperpigment-konzentrierendes, aber auch ein Körper- und Schwanzpigment-dispergierendes Hormon. Beide verändern nur die Melanophoren.

Diese Beispiele zeigen zwei wichtige Probleme auf: Die Abwesenheit eines Hormons führt nicht zu entgegengesetzten Bewegungen in den Chromatophoren wie die Anwesenheit. Es bedarf vielmehr eines Gegenspielers. Die Reaktion der Chromatophoren ist sehr spezifisch, nicht alle Melanophoren reagieren gleichmäßig auf ein Hormon.

Die Verteilung der Chromatophorotropine ist bei den verschiedenen Spezies sehr uneinheitlich. Bei der Krabbe *Uca* werden dunkle Pigmentgranula durch einen Augenstielextrakt dispergiert. Bei *Palaemonetes* entläßt die Sinusdrüse im Augenstiel ein Hormon, das die Pigmente der Erythrophoren konzentriert. Hier gibt es ebenfalls ein Hormon, das die Erythrophorenpigmente dispergiert. Es entsteht in der Circum-oesophageal-Kommissur, ist aber wesentlich weniger wirksam als das konzentrierende Prinzip. Die Wirkung der beiden Hormone ist anscheinend nicht ausgewogen (BROWN u. a.).

Die Veränderung der Chromatophoren hängt von dem physiologischen Status ab. Befinden sich die Tiere längere Zeit auf hellem Untergrund (hoher Titer von konzentrierendem Hormon im Blut), dann ist die Dispersion schwerer zu erzielen und umgekehrt. Der Gehalt des Nervensystems an einer aktiven Substanz ist höher, wenn sie längere Zeit nicht ausgeschüttet wurde, und umgekehrt. Alle diese Tatsachen zusammen machen die bei Decapoden erzielten Ergebnisse sehr unübersichtlich. Es ist dies besonders deshalb der Fall, weil so verschiedenartige Pigmentzelltypen und jeweils mehrere Regulatoren vorliegen.

Die Physiologie der Chromatophoren bei Crustaceen wird noch durch weitere Abhängigkeiten kompliziert. Bei *Uca* wird ein Tagesrhythmus kombiniert mit einem Einfluß der Gezeiten. Die Tiere erscheinen maximal dunkel bei Tageslicht und Ebbe. Außerdem spielt hierbei auch die Temperatur mit. Schwarzes Pigment konzentriert sich, wenn die Temperatur 15°C übersteigt. Bringt man die Tiere für 3 Std. in Temperaturen zwischen 0—3°C, so verschiebt sich der innere Tag-Nacht-Rhythmus um diese Zeit. Bei *Uca* hat elektrophoretische Auftrennung der Melanin-dispergierenden Wirkstoffe gezeigt, daß die Rhythmen durch 3 Substanzen der Sinusdrüse, 2 Wirkstoffe des Supraoesophagealganglions und eine der Circum-oesophageal-Konnektive aufrechterhalten werden (FINGERMAN). Es ist noch ungeklärt, wie diese Substanzen zusammenwirken und wieviele im Blut kreisende Hormone hieraus resultieren.

Die Anpassung an den Untergrund und die Reaktion auf Licht werden vom Gehirn gesteuert. Die Reaktion fällt unterschiedlich aus, wenn Licht den nach oben oder den nach unten gerichteten Teil des Auges trifft. Licht nur von unten bewirkt maximale Aufhellung des Tieres. Licht von oben und unten verursacht mittlere Verdunkelung (Index 2—3). Licht von nur oben hat größte Verdunkelung (Index 4—5) zur Folge.

Auch bei Isopoden wurden ähnliche Beziehungen vorgefunden. Eine Substanz, die dunkles Pigment konzentriert, wurde in den Gehirnen von Asseln *(Idotea)* festgestellt. Bei *Trachelipus* konnten bisher zwei antagonistische Prinzipien isoliert werden.

Bei **Wirbeltieren** gibt es physiologischen Farbwechsel bei einigen Fischen, den meisten Amphibien und einigen Reptilien. Die Dispersion der Pigmentgranula in den Melanophoren wird bei Vertebraten durch das von der Pars intermedia der Hypophyse gebildete Melanophorenhormon (MSH) verursacht. Die Chemie dieses MSH ist recht gut bekannt. Es ist ein Polypeptid mit 13—22 Aminosäuren. Aus Schweinehypophysen gelang es, zwei MSH (α- und β-MSH) zu isolieren. Die folgende Zusammenstellung gibt einen Überblick der chemischen Verwandtschaft zwischen dem MSH und dem ACTH, bei dem eine Sequenz von 7—13 Aminosäuren mit MSH übereinstimmt:

ACTH, Schwein, Schaf, Rind			Ser. 1	Tyr. 2	Ser. 3	Met. 4	Glu. 5	His. 6	Phe. 7	Arg. 8	Trp. 9	Gly. 10	Lys. 11	Pro. 12	Val. 13	Gly. 14	Lys. 15	Lys 16	Arg. 17	Arg. 18	Pro 19	
α-MSH, Schwein, Schaf, Pferd		CH$_3$CO-	Ser. 1	Tyr. 2	Ser. 3	Met. 4	Glu. 5	His. 6	Phe. 7	Arg. 8	Trp. 9	Gly. 10	Lys. 11	Pro. 12	Val. 13	NH$_2$						
β-MSH, Schwein	Asp. 1	Glu. 2	Gly. 3	Pro. 4	Tyr. 5	Lys. 6	Met. 7	Glu. 8	His. 9	Phe. 10	Arg. 11	Trp. 12	Gly. 13	Ser. 14	Pro. 15	Pro. 16	Lys. 17	Asp 18				
β-MSH, Rind	Asp. 1	Ser. 2	Gly. 3	Pro. 4	Tyr. 5	Lys. 6	Met. 7	Glu. 8	His. 9	Phe. 10	Arg. 11	Trp. 12	Gly. 13	Ser. 14	Pro. 15	Pro. 16	Lys. 17	Asp 18				
β-MSH, Pferd	Asp. 1	Glu. 2	Gly. 3	Pro. 4	Tyr. 5	Lys. 6	Met. 7	Glu. 8	His. 9	Phe. 10	Arg. 11	Trp. 12	Gly. 13	Ser. 14	Pro. 15	Arg. 16	Lys. 17	Asp 18				
β-MSH, Mensch	Ala. 1	Glu. 2	Lys. 3	Lys. 4	Asp. 5	Glu. 6	Gly. 7	Pro. 8	Tyr. 9	Arg. 10	Met. 11	Glu. 12	His. 13	Phe. 14	Arg. 15	Trp. 16	Gly. 17	Ser. 18	Pro. 19	Pro. 20	Lys. 21	Asp 22

Ähnlich wie bei Crustaceen erhebt sich auch bei Vertebraten die Frage, ob ein Hormon allein die Pigmentverschiebung reguliert. Zunächst ist sicherlich bei vielen Fischen, z. B. bei Siluridae und Pleuronectidae, das Nervensystem mitbeteiligt, da die Chromatophoren innerviert sind und auch durch nervöse Reize Pigmentwanderungen ausgelöst werden. Bei Cyprinidae und Salmonidae überwiegt sogar die nervöse Kontrolle. Auch beim Chamaeleon (Reptilien) werden Chromatophoren vorwiegend nervös reguliert. Dagegen spielt bei Amphibien die Innervation anscheinend keine Rolle.

Die Ausschüttung von MSH durch die Hypophyse reguliert der Hypothalamus durch die Abgabe eines Hemmfaktors (MIF). Isolation der Hypophyse vom Hypothalamus, Transplantation der Hypophyse in eine andere Region des Tieres führen zu stärkerer Pigmentierung. Dies ist bei Amphibien eindeutig nachgewiesen. Der gleiche Mechanismus gilt aber wohl für alle Wirbeltiergruppen. Gelangt der Hemmfaktor nicht zur Hypophyse, so wird viel MSH gebildet und abgegeben. Daneben soll MSH-Aktivität im Hypothalamus selbst nachzuweisen sein.

Es ist noch fraglich, ob in allen untersuchten Gruppen ein Pigment-konzentrierendes Hormon als Gegenspieler des MSH auftritt. Sicherlich kommen aber wohl nur einzelne Antagonisten in Frage und nicht eine Vielzahl von Wirkstoffen wie bei Crustaceen. Verschiedene Untersuchungen haben Hinweise auf eine konzentrierende Substanz erbracht. In der Pars intermedia ist bei Teleosteern ein zweiter Zelltyp vorhanden, von dem einige Autoren erwarteten, daß er einen konzentrierenden Faktor bildet. Bei *Xenopus* und anderen Amphibien verhindert das Kauterisieren der Pars tuberalis die Pigmentkonzentration, so daß an dieser Stelle vielleicht ein entsprechendes Hormon gebildet werden könnte. Diese Hinweise sind jedoch alle zweifelhaft. Zwischen den Melanophoren verschiedener Fischarten gibt es anscheinend auch Unterschiede. So wird berichtet, daß die Pigmentgranula von *Ameiurus* auf einen Hypophysenextrakt hin dispergieren, die von *Phoxinus* sich auf den gleichen Extrakt hin konzentrieren. Die Unterschiede sollten noch genauer untersucht werden.

Bei *Phoxinus* (Ellritze) bewirken Noradrenalin und Adrenalin eine Konzentration des Pigmentes. Die Melanophoren sind dort innerviert. Das sympathische Nervensystem konzentriert das Pigment, und das parasympathische dispergiert es. Die Xanthophoren sind hier nicht innerviert. Bei ihnen soll MSH auch Pigmentdispersion hervorrufen.

Substanzen in der Froschhaut (Serotonin oder Adrenalin) konzentrieren das Pigment bei *Rana temporaria*. Es ist jedoch unklar, ob diese Amine natürliche Antagonisten des MSH sind. Aus der Epiphyse der Säuger wurde eine Substanz isoliert, die bei Amphibien starke Pigmentkonzentration hervorruft. Es ist dies das Melatonin, das chemisch dem Serotonin sehr ähnlich ist:

H_3CO — [Indol] — CH_2—CH_2—NH—CO—CH_3 HO — [Indol] — CH_2—CH_2—NH_2

Melatonin   Serotonin

Im Pinealorgan niederer Wirbeltiere ist Melatonin wahrscheinlich auch vorhanden. Es ist daher sehr gut möglich, daß endogenes Melatonin bei der Aufhellungsreaktion eine Rolle spielt. Das Ergebnis einer Untersuchung an *Xenopus*-Kaulquappen, daß nach Pinealektomie die Aufhellung unterbleibt (BAGNARA), konnte von anderen Autoren nicht bestätigt werden. In fast allen Fällen, in denen die Pigmentkonzentration nicht nervös ausgelöst wird, ist also der antagonistische Reiz zu MSH noch wenig geklärt.

Zur Zeit ist der Wirkungsmechanismus des MSH in der Melanophore noch nicht genau bekannt. Da eine Fülle von Wirkstoffen (Adrenalin, Serotonin, Melatonin, MSH u.a.) Pigmentbewegungen auslösen können, liegt es nahe anzunehmen, daß irgendein fundamentaler Stoffwechselmechanismus als Auslöser mitwirkt. Eine Reihe von Untersuchungen mit Stoffwechselgiften, Messungen des O_2-Verbrauchs, Beobachtungen unter O_2-freier Atmosphäre usw. machen wahrscheinlich, daß die Dispersionsbewegung einen energieverbrauchenden Vorgang darstellt. Allerdings ist auch die Konzentration des Pigmentes ohne Energiezufuhr unmöglich. ATP-Zusatz fördert sowohl Dispersion als auch Konzentration (KUHLEMANN, LERNER u.a.). Der Einfluß des Stoffwechsels auf die Pigmentbewegung konnte also bisher noch nicht exakt erklärt werden.

Bei der Konzentration des Pigmentes soll das Zytoplasma dichtere Konsistenz erhalten, d.h. gelartiger werden. Die Dispersion dagegen geht mit dem Übergang zum Solzustand einher. Einige Autoren berichten, daß fibrilläre Strukturen an dieser Bewegung beteiligt sind.

Durch elektronenmikroskopische Untersuchungen ist bisher nachgewiesen worden, daß die Chromatophoren charakteristische pigmenthaltige Organellen besitzen, Bündel kristallähnlich angeordneter Stäbchen als reflektierende Plättchen in Iridophoren, Pterinosome (Pteridine enthaltend sowie Carotinoid-Bläschen) in Xantho- oder Erythrophoren und Melanosome in Melanophoren. Wie diese Organellen bei der Pigmentverschiebung verlagert werden, läßt sich aus den elektronenmikroskopischen Bildern nicht entnehmen.

Möglicherweise wird die Bewegung der Pigmentgranula ausgelöst durch Veränderungen des Ionenflusses durch die Membran oder die Ladung derselben. Die Anwesenheit von Na^+ ist absolut notwendig für die Wirksamkeit von MSH. Ersatz von Na^+ durch K^+ im äußeren Medium führt nach einiger Zeit zur Konzentration des Pigmentes auch dann, wenn MSH gegenwärtig ist. Darauf beruht die Hypothese, daß MSH den Na^+-Einstrom vergrößert (NOVALES). Da jedoch auch andere Ionen die Pigmentwanderung beeinflussen, ist es denkbar, daß der eigentliche Primäreffekt in Veränderungen des kolloidalen Zustands des Zellinneren zu suchen ist. Dieser ist ebenfalls weitgehend abhängig vom Ionenmilieu.

Neuere Befunde haben eine weitere Möglichkeit für den Mechanismus, durch den Melanosomen in der Zelle bewegt werden, aufgedeckt. MSH-Behandlung resultiert in einem Anstieg von zyklischem AMP in der Melanophore (BITENSKY u. BURSTEIN). Damit könnte auch hier die Hypothese vom „zweiten Botenstoff" (second messenger, SUTHERLAND u.a.) Bedeutung haben. In folgender Weise müßte man sich die Wirkung vorstellen:

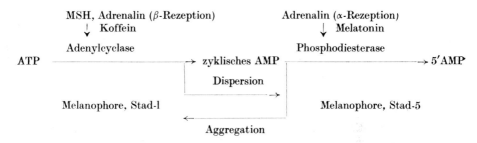

Zur Prüfung dieser Hypothese müßte nachgewiesen werden, 1. daß MSH die Adenylcyclase aktiviert, 2. daß zyklisches AMP Melanin dispergiert und auf welche Weise dies geschieht und 3. daß konzentrierend wirkende Stoffe die Konzentration von zyklischem AMP senken. Zyklisches AMP wird in der Froschhaut tatsächlich auf MSH hin vermehrt und ruft Melanindispersion bei Froschmelanophoren hervor. Allerdings sind relativ hohe Konzentrationen hierzu erforderlich (NOVALES). Die Wirkung von zyklischem AMP benötigt im Gegensatz zu der von MSH keine Na-Ionen. Danach müssen Na-Ionen notwendig sein für den Zutritt des MSH zum Rezeptor, wenn die Theorie stimmt. Catecholamine, vor allem Adrenalin, erhöhen im Muskel die Bildung von zyklischem AMP. Dies müßte zur Dispersion führen. Adrenalin dispergiert aber, soweit bekannt, nur bei *Xenopus* unter bestimmten Bedingungen die Melanosomen. In diesem Fall müßte Adrenalin an β-Rezeptorstellen der Melanophoren gebunden werden (Kap.4). Die konzentrierende Wirkung des Adrenalins auf die meisten Amphibien-Melanophoren würde dann durch eine andersartige Bindung zustande kommen, vielleicht durch eine Bindung an α-Rezeptorstellen. Es gibt Anzeichen dafür, daß die Frosch-Melanophore ein günstiges System für die Demonstration der Wirkung von α- und β-Rezeptoren darstellt. α-Rezeptoren verhelfen zum Abbau von zyklischem AMP in der Zelle, β-Rezeptoren katalysieren den Aufbau desselben (Übergang ATP $\rightarrow$ 3′,5′-AMP).

Die Beeinflussung der verschiedenen Typen von Chromatophoren durch MSH ist keineswegs einheitlich. In den Guanophoren von *Rana pipiens* konzentrieren sich die Pigmentgranula auf MSH hin. Dadurch kommen die Melanophoren mit dispergiertem Pigment stärker zur Wirkung. Die Pigmente in den Xanthophoren und Erythrophoren von Fischen werden ebenfalls von der Hypophyse kontrolliert. Sie dispergieren auf Einwirkung von MSH hin. Allerdings stehen diese Zellen bei Fischen auch unter nervöser Kontrolle, wodurch die Reaktion unübersichtlich wird. Bei Amphibien ist bisher nur bei einigen eine Pigmentdispersion in den Xanthophoren auf MSH hin nachgewiesen worden.

Der Farbwechsel der Reptilien ist am Beispiel von *Anolis carolinensis* sehr gut untersucht worden (KLEINHOLZ, NOVALES, HADLEY u.a.). Dies Tier erscheint prächtig grün auf hellem und dunkelbraun auf dunklem Untergrund. Die Farben kommen durch das Zusammenwirken verschiedener Chromatophoren zustande. Iridophoren und Xanthophoren, die die Melanophoren überlagern, spielen dabei wohl eine passive Rolle. Die Konzentration der Melaningranula in *Anolis*-Melanophoren erfolgt durch Sympathicomimetica, z.B. Adrenalin, als Antwort auf Bindung an α-Rezeptoren. Die Dispersion der Melaningranula wird kontrolliert durch β-Rezeption in den Melanophoren. Catecholamine können Melaningranula sowohl dispergieren als auch aggregieren. Dies ist anscheinend abhängig von der Konzentration des Hormons. Die Untersuchung mit verschiedenen Pharmaka macht eindeutig klar, daß Dispersion über β-Rezeptoren und Aggregation über α-Rezeptoren erfolgt. MSH ist dabei natürlich ebenfalls ein wichtiges dispergierendes Hormon.

Eine besondere Form der Pigmentbewegung findet sich in den Pigmentzellen, die das **Crustaceen-Ommatidium** umgeben. Hier gibt es zwei Typen von Melanin-haltigen Pigmentzellen, distal (Irispigment) und proximal (Retinapigment) gelegene. Daneben existieren Zellen mit reflektierendem Pigment (Guanin) nahe der Basalmembran. Im Auge, das an Licht adaptiert ist, lagern sich distales und proximales Pigment dicht um das lichtempfindliche Rhabdom und verhindern zu starken Lichteinfall. Das reflektierende Pigment liegt dann unter der Basalmembran.

Im dunkel adaptierten Auge wandert das proximale Pigment zur Lamina ganglionaris, das distale zur Cornea, so daß das Rhabdom frei von Pigment wird und auch seitlich einfallendes Licht perzipieren kann. Das reflektierende Pigment verschiebt sich distalwärts über die Basalmembran.

Die Wanderung des Irispigmentes kann in zwei verschiedenen Formen erfolgen. Im einen Fall verschiebt sich das Pigment in der Irispigmentzelle, im anderen Fall wird durch kontraktile Elemente die Zelle nach proximal zusammengezogen, so daß das Pigment damit um das Rhabdom zu liegen kommt. Das Retinapigment verschiebt sich innerhalb der Retinazelle.

Aus Augenstiel, Sinusdrüse oder Gehirn (Tritocerebralkommissur) wurden zwei Fraktionen extrahiert, von denen die eine distales Pigment nach außen, die andere nach proximal verschiebt. Wahrscheinlich werden auch die beiden anderen Pigmente jeweils durch antagonistische Hormone bewegt (Abb.29).

3.2.5. Neuroendokrinologie
(Korrelation und Kontrolle im Organismus durch Neurohumoralismus und Neurosekretion)

Unter Neuroendokrinologie versteht man die Wissenschaft von der sekretorischen Tätigkeit im Nervensystem. In diesem Kapitel sollen Probleme besprochen werden, die sich bei der Integration von Funktionen aus der räumlichen und funktionellen Nähe von „gewöhnlichen" und sekretorisch tätigen Neuronen ergeben. Zu diesem Problemkreis wurden in den verschiedensten Kapiteln bereits Angaben gemacht.

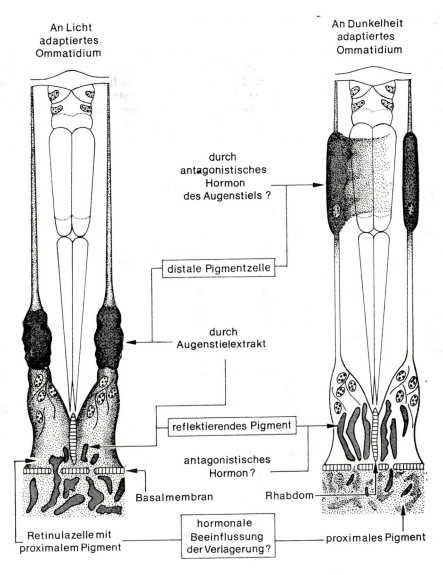

Abb. 29. Verschiebung der Augenpigmente im Crustaceen-Auge. Augenstiel-Extrakt bewirkt Rückzug des distalen und des reflektierenden Pigmentes. Beeinflussung des proximalen Pigmentes fraglich. Antagonistisch wirkende Hormone verändern die Pigmentanordnung. Nach KLEINHOLZ, CARLISLE u. KNOWLES u.a.

3.2.5.1. Allgemeine Besprechung der Neurokrinie

In den Kapiteln 2.1. und 2.2. wurde bereits über die Aufgabe des Neurohumoralismus und über die Bedeutung der neurosekretorischen Systeme bei den verschiedenen Tiergruppen gesprochen (Abb.1). Auch wurde auf die unterschiedliche Stoffproduktion in den sekretorisch tätigen Neuronen hingewiesen. Als wichtigste Erkenntnis muß festgehalten werden, daß die Unterschiede zwischen den Neuronen sich immer mehr verwischen, seitdem bekannt ist, daß einzelne Neuronen verschiedenartige Substanzen produzieren können. Die folgende Zusammenstellung soll die wichtigsten Charakteristika der einzelnen Neuronentypen nebeneinander zeigen:

Kennzeichen	„gewöhnliche" Neurone	endokrine Neurone
Axon	vorhanden	vorhanden
Dendriten	vorhanden	vorhanden, stellen z.B. Verbindungen zum Ventrikelsystem im ZNS der Vertebraten und zur Pars intermedia her
Neurofibrillen	vorhanden	vorhanden
Nissl-Substanz	vorhanden	vorhanden
Erregungsleitung	vorhanden	vorhanden
Bildung von Neurohaemalorganen	fehlt	sehr charakteristisch bei höher organisierten Systemen
Bildung von Synapsen	notwendig für die Funktion	kann vorkommen, z.B. in Pars intermedia
Granulationen	synaptische Vesikel (Azetylcholin) B-Granula < 1000 Å	A-Granula > 1000 Å ($+$ synapt. Vesikel) B-Granula < 1000 Å ($+$ synapt. Vesikel)
Färbbarkeit mit Gomori-Farbstoff	nicht färbbar	färbbar $\diagup$ Gomori $+$ (blau) $\diagdown$ Gomori $-$ (rot)
Syntheseort	Peripherie?	Perikaryon, Transport wurde z.B. beim Fisch *Lophius piscatorius* festgestellt. Bei allen Formen sammeln sich die Elementargranula nach Durchtrennung des Hypophysenstiels im distalen Bereich an
Transportgeschwindigkeit (unterschiedliche Angaben)	1—3 mm/Tag 30—60 mm/Tag	350—400 mm/Tag 3000 mm/Tag
Wirkdistanz	Diffusionsweg	Blutweg zum Erfolgsorgan

Zur histologischen Unterscheidung der verschiedenen Sekretionsformen dient einerseits die Gomori-Färbung (Chromalaunhaematoxylin oder Aldehydfuchsin), die peptiderge Neurosekretion deutlich macht, andererseits der fluoreszenzmikroskopische Nachweis von Kondensationsprodukten der Catecholamine oder des Serotonins, die durch Begasung mit Formaldehyd kenntlich gemacht werden. Nach der Art der Fluoreszenz läßt sich zwischen Catecholaminen und Serotonin unterscheiden.

Wie bereits erwähnt, ist sowohl eine solche nicht-peptiderge als auch eine peptiderge

Neurosekretion bei den meisten Invertebratengruppen und im Zentralnervensystem der Vertebraten nachgewiesen. Allerdings können diese Systeme im einzelnen morphologische und physiologische Unterschiede aufweisen, so daß sie keineswegs vergleichbar sind, obwohl sie alle Makromoleküle oder Catecholamine produzieren. So haben etwa GERSCH und UDE an dem Anneliden *Enchytraeus* nachgewiesen, daß hier zwei Typen von Sekretionszellen, P- und Q-Zellen, vorkommen, die sich durch ihre Größe, die Form der Granula und die Ausbildung der übrigen Zellbestandteile unterscheiden. Auch die Reaktion auf Actinomyzin, dem Transkriptionshemmer, war sehr unterschiedlich. Der Golgi-Apparat in der Q-Zelle wird kurz nach Beginn der Actinomyzin-Behandlung reduziert, bleibt aber in den P-Zellen erhalten. Die Ribosomen lösen sich nur in den Q-Zellen nach einer solchen Behandlung von den Membranen. Das System der Eiweißsynthese ist in den Q-Zellen deutlich labiler als in den P-Zellen.

Die physiologischen Unterschiede in den neurosekretorischen Systemen zeigen sich besonders klar bei **Wirbellosen**, bei denen durch Neurosekret eine Vielzahl von Prozessen reguliert werden können. Der Augenstiel der Crustaceen (Abb. 30) und das Zentralnerven-

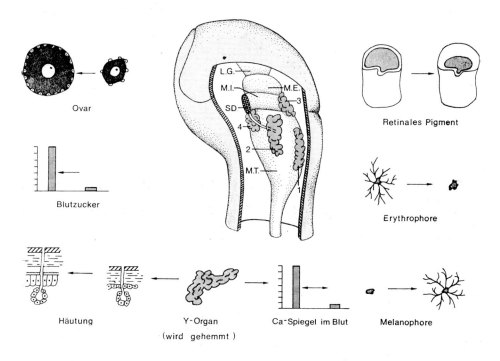

Abb. 30. Neurosekretorische Zentren im Augenstiel der Decapoden und hormonelle Effekte des Augenstiel-Neurosekretes (1. Ovarwachstum, 2. Blutzuckersteigerung, 3. Hemmung des Y-Organs, 4. Verschiebung des retinalen Pigmentes, 5. Erythrophorenpigment-Konzentration, 6. Melanophorenpigment-Dispersion).
L.G. = Lamina ganglionaris, M.E. = Medulla externa, M.I. = Medulla interna, M.T. = Medulla terminalis, SD = Sinusdrüse. 1, 2, 3, 4: Neurosekretorische Zentren. Nach CARLISLE u. KNOWLES, FINGERMANN, KLEINHOLZ u. a.

system der Insekten (Abb.31) sind besonders einprägsame Beispiele für Systeme, die viele Funktionen ausüben. Es ist weitgehend ungeklärt, ob unterschiedliche Neurone jeweils für eine Aufgabe verantwortlich sind. Auch die übrigen Teile des ZNS von Crustaceen, die sekretorisch tätig sind, haben oft unterschiedliche Funktionen, obwohl die Sekretionsorte häufig nicht zu trennen sind (Abb.32).

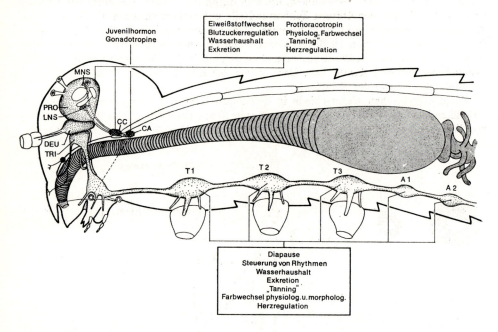

Abb.31. Hormonsysteme der Insekten und ihre physiologischen Wirkungen. Nach GERSCH, JENKIN u.a.
A_1, A_2 = Abdominalganglien, CA = Corpora allata, CC = Corpora cardiaca, DEU = Deutocerebrum, LNS = laterale neurosekretorische Zentren, MNS = mediale neurosekretorische Zentren, PRO = Protocerebrum, T_1—T_3 = Thoraxganglien, TRI = Tritocerebrum.

Sehr klar erkennt man die unterschiedlichen Leistungen auch an den neuroendokrinen Systemen der **Wirbeltiere.** Im Hypothalamus werden sowohl die Releasing-Faktoren für die Adenohypophysenhormone als auch die Oktopeptide des Hinterlappens gebildet und transportiert. Die Entstehungsorte der verschiedenen Wirkstoffe sind zwar anzugeben, es ist jedoch noch fraglich, wie weit die Gebiete tatsächlich streng getrennt sind.

Neben den Kerngebieten des Hypothalamus gibt es im Gehirn noch weitere sekretorisch tätige Systeme, die als die circumventrikulären Organe zusammengefaßt werden. Es handelt sich weitgehend um Derivate der Ventrikelwand, die sich als Vergrößerungen und Aussackungen mit spezieller Gefäßversorgung darstellen. Beispiele hierfür sind das Organon subfornicale, das Organon subcommissurale und das Organon vasculosum laminae terminalis. Die Aufgabe dieser Bezirke ist weitgehend unbekannt. Ihre enge Verbindung zum Ventrikel legt den Gedanken nahe, daß sie an der Sekretion des Liquor cerebrospinalis mitbeteiligt sind.

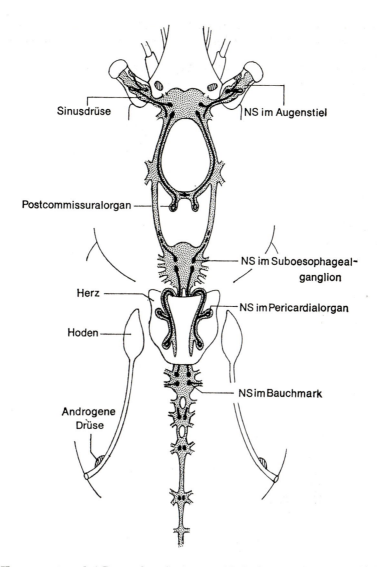

Abb. 32. Hormonsysteme bei Decapoden, Crustaceen. Nach GORBMAN u. BERN. NS = Neurosekretorische Zentren.

Zu diesen Organen zählt auch das Pinealorgan (= Epiphysis cerebri), das auf der Dorsalseite des Gehirns liegt. Bei Kaltblütern sind hier zwei Systeme zu finden, und zwar die Paraphysis cerebri und der Komplex, welcher aus dem extracranial liegenden Parietalorgan (= Parapineal-, = Frontal-, = Stirnorgan) und dem intracranial liegenden Pinealorgan gebildet wird. Parietal- und Pinealorgan dienen bei manchen Formen, z.B. bei Petromyzontidae und teilweise auch bei Reptilien (Parietal-) und Amphibien (Pineal-) als

Lichtsinnesorgan. Da die Organe Stoffe produzieren, liegen hier Systeme vor, deren Bedeutung als Vermittler zwischen der Umwelt und der Regulation im Organismus auf der Hand liegt.

Bei höheren Wirbeltieren, besonders bei Vögeln und Säugern, stellt das **Pinealorgan** ein parenchymatöses Organ dar und besitzt keine photosensitiven Elemente mehr. Es ist in diesem Falle reich an biogenen Aminen wie Melatonin, Serotonin, Noradrenalin und Histamin. Bei höheren Wirbeltieren soll das Pinealorgan bei der Regulation der Gonaden durch das Licht eine Rolle spielen. Erhöhung der Lichtmenge hemmt die Synthese biogener Amine oder Catecholamine in der Epiphyse. Daraus resultiert eine Hemmung der Melatoninsynthese, wodurch das Gonadenwachstum gefördert wird. Melatonin soll auf diese Weise Gonadenwachstum hemmen.

Die Reaktion ist ebenfalls auf dem Enzymniveau untersucht worden. Eine stärkere Beleuchtung von Ratten führt zu verringerter Aktivität eines Enzyms, der Hydroxyindolmethyl-transferase, das für die Synthese des Melatonins notwendig ist. Licht kann bei Säugetieren auf verschiedene Weise auf das Pinealorgan einwirken. Es könnte etwa den Schädel durchdringen und so direkt zur Epiphyse gelangen. Es könnte über das Hypothalamus-Hypophysensystem bewirken, daß der Spiegel von Hormonen (vielleicht von Thyroxin, Corticosteroiden oder Gonadenhormonen) im Blut erhöht wird, die dann sekundär auf die Epiphyse einwirken und die Aktivität dieses Enzyms erniedrigen. Natürlich könnte der Reiz auch über Nervenverbindungen von den Zentren der Sinnesorgane zu der Epiphyse gelangen. Wenn die Nervenverbindung unterbrochen wird, ändert sich die Enzymaktivität auf Variation des Lichtgenusses hin nicht mehr (WURTMAN u.a.). Ein lichtabhängiger Reiz, von sympathischen Nerven kommend, wird also in der Epiphyse in einen humoralen Stimulus umgesetzt.

Zwei wichtige Aufgaben der Epiphyse dürften demnach sein: a) Mitwirken bei der Regulation der Gonadenaktivität durch Licht bei Säugern und b) Steuerung des Farbwechsels bei Amphibien (s. Kap. 3.2.4.).

Ein weiteres sekretorisch tätiges Kerngebiet außerhalb des Hypothalamus ist die Urophyse der Fische, die am Rückenmark in der Schwanzregion liegt. Ihre Eigenheiten und ihre Funktion sind im Kap. 3.2.3. beschrieben worden. Die Ähnlichkeit dieses Organs mit der Hypophyse der Fische ergibt sich aus Abb. 33.

Die Aufgaben der **Catecholamine** und des **Serotonins** im Organismus sind vielseitig. Ihre Bedeutung für die Regulation der Bewegung innerer Organe bei Wirbellosen und Wirbeltieren wurde in Kap. 2.1. und 3.2.2. erwähnt. Die Stoffe sind weit verbreitet im Organismus. Man hat sie im Nervennetz von Aktinien, im Zentralnervensystem von *Dendrocoelum* (Turbellarien) und natürlich auch im ZNS von Anneliden, Mollusken und Arthropoden gefunden.

Catecholamine und Serotonin finden sich in fast allen Abschnitten des Wirbeltiergehirns. Beim Goldfisch wurden z.B. serotoninhaltige Neurone im Tegmentum gefunden. Im Hypothalamus konnte ebenfalls ein hoher Catecholamingehalt festgestellt werden (HILLARP, FALCK, BRAAK u. BAUMGARTEN). Obwohl sich die Nachweise von Serotonin und Catecholaminen immer mehr häufen, sind die Aufgaben dieser Substanzen noch nicht eindeutig bekannt.

Bei Wirbeltieren kommt Serotonin außer im Gehirn auch in der Darmwand, in den Plättchen des zirkulierenden Blutes und in den Mastzellen vor. Eine wichtige Aufgabe des Serotonins liegt in lokalen Gewebereaktionen. Bei Verletzungen, anaphylaktischem Schock und allergischen Reaktionen wird Serotonin freigesetzt. Welche Aufgaben es hierbei erfüllt, ist noch zweifelhaft. Seine Freisetzung hat Veränderungen des Blutzuckerspiegels und des Blutdruckes (Anstieg oder Abfall je nach Ausgangslage) zur Folge. Im

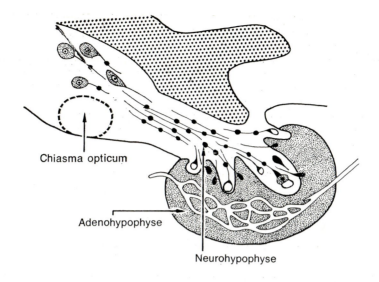

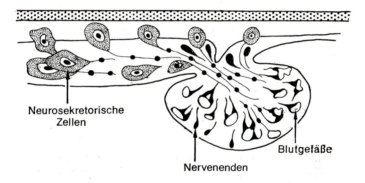

Abb. 33. Aufbau und Struktur der Hypophyse (oben) und Urophyse (unten) von Teleosteern Nach MAETZ u. a.

Darmgebiet dürfte sich die Abgabe von Serotonin aus den chromaffinen Zellen vor allem auf die Motilität des Darmes auswirken. Es erscheint fraglich, ob Serotonin bei Wirbeltieren wie bei Wirbellosen als Transmittersubstanz im peripheren Nervensystem wirkt. Möglicherweise erleichtert oder blockt es jedoch die Transmission an den Synapsen. Im ZNS wirkt es wohl hauptsächlich als Blocker.

Catecholamine lassen sich außer im Gehirn noch im Nebennierenmark (adrenalen Gewebe bei niederen Wirbeltieren), das ontogenetisch aus Neuroblasten entsteht, und in peripheren Ganglien nachweisen. In anderen Geweben kommt anscheinend nur Dopamin in beträchtlichen Mengen vor. Aus dem Nebennierenmark werden Catecholamine durch direkte nervöse Stimulation oder reflexartig bei Hypoglykaemie ausgeschüttet. Pharmaka, z.B. das Alkaloid Reserpin, regulieren ebenfalls die Sekretion. Reserpin ist ein extrem wirksamer Blocker der Catecholaminabgabe durch adrenales Gewebe oder den Sympathicus. Es dürfte gleichzeitig auch die Synthese hemmen.

Adrenalin und Noradrenalin haben eine Vielzahl von Wirkungen. Der Übertragerstoff der postganglionären sympathischen Fasern ist wohl in erster Linie Noradrenalin. Die Blutverteilung im Organismus wird durch das Zusammenwirken beider Hormone reguliert. Die Stoffwechselwirkungen sind vornehmlich auf Adrenalin zurückzuführen. Diese sind verbunden mit dem Entstehen von zyklischem AMP, wie bereits an mehreren Stellen erwähnt. Von großer Bedeutung für die physiologische Wirkung der Catecholamine sind die Rezeptoreigenschaften der reagierenden Zellen. Durch die Annahme zweier Rezeptoren (α- und β-Rezeptoren) lassen sich die unterschiedlichen Reaktionen erklären. Die Farbzelle niederer Wirbeltiere wurde schon als Modellfall für die Erforschung der beiden Rezeptortypen angeführt. Auf den gesamten Wirkungsmechanismus wird in Kap. 4 noch genauer eingegangen.

3.2.5.2. Kontrollmechanismen und Integration im Nervensystem

Die Kontrolle der Körperfunktion und die Integration von nervöser und humoraler Regulation in einem Organismus setzt Mechanismen voraus, die als Auslöse- und Hemmungsreaktionen einerseits und als feed-back-Reaktionen andererseits zu verstehen sind. Hier soll besprochen werden, welche Möglichkeiten für die Untersuchung dieser Mechanismen bestehen.

Wie in Abb. 3 aufgezeigt, baut sich im Organismus ein Regelsystem auf zwischen dem Hypothalamus (Produktion der releasing-Faktoren), der von diesem kontrollierten Adenohypophyse (Produktion von glandotropen Hormonen, sowie STH und MSH) und den Funktionen im Organismus, die ihrerseits die Abgabe der releasing-Faktoren beeinflussen. Aus dieser Vorstellung erwachsen eine Reihe von Problemen, z.B. die Lokalisation der Zentren im Hypothalamus, die Frage nach Hinweisen auf die Perzeption der regulierenden Einflüsse im Hypothalamus, nach der Bedeutung von Umwelteinflüssen für die Regulation rhythmischer Prozesse, nach den Wirkungsmechanismen der releasing-Faktoren in der Hypophyse u. a.

Seit der Einfluß des Hypothalamus auf die Hypophyse bekannt ist, wurde schon die Frage nach der **Lokalisation der Regulationszentren** gestellt. Die zwei Kerngebiete, die für die Abgabe der Hinterlappenhormone verantwortlich sind, sind für die Produktion der releasing-Faktoren von untergeordneter Bedeutung. Daneben gibt es Hypothalamuszonen, die die vegetativen Regulationen ausführen und dabei releasing-Faktoren bilden. Die zahlreichen Untersuchungen hierzu haben jedoch noch nicht eindeutig beweisen können, ob die einzelnen releasing-Faktoren tatsächlich in gesonderten, umgrenzten Bezirken im Hypothalamus gebildet werden, oder ob die bildenden Zellen vermischt liegen.

Die Methoden, die angewendet wurden, um die Lokalisation durchzuführen, sind vor allem die folgenden:

1. Zerstörung kleiner Bezirke im Hypothalamus durch Kauterisieren und Untersuchung der Ausfallreaktionen. Histologische Kontrolle im Gehirn ist hierzu nötig.
2. Zerstörung kleiner Bezirke im Hypothalamus und Untersuchung, welche Faktoren in der Eminentia mediana dann noch auftreten. Dies stellt eine wesentliche Verfeinerung der unter 1. beschriebenen Methode dar (durchgeführt von Mess, Martini u.a.).

3. Reizung von Kerngebieten mit Elektroden und Beobachten, welche Reaktionen danach eintreten. Auch hier ist die histologische Untersuchung wesentlich.
4. Herausnahme kleiner Hypothalamusteile (z.B. beim Hund von EIK-NES durchgeführt) und Analyse des Extraktes aus diesen Teilen im Bioassay.
5. Transplantation von Hypophysenteilen in Hypothalamus-Regionen und Untersuchung, welche Zelltypen der Hypophyse histologische Aktivitätsänderungen aufweisen (HALASZ u.a.).
6. Durchtrennung des Gehirns, speziell des Hypothalamus, durch transversale Schnittebenen. Hierdurch werden alle übergeordneten Zentren jeweils abgetrennt. Die Methode wurde besonders bei niederen Vertebraten angewandt (BARKER JØRGENSEN, ROSEN-KILDE u.a.).
7. Untersuchung der Lokalisation von Hormonen im Hypothalamus, z.B. autoradiographischer Nachweis von markiertem Oestradiol im Hypothalamus. Hier geht man von der Erwartung aus, daß zur Regulation durch feed-back die regulierenden Hormone an der Stelle gebunden werden müssen, wo sie Einfluß nehmen.
8. Histologischer Nachweis von Degenerationen im Hypothalamus nach Überdosierung von Hormonen. Hierzu gilt ebenfalls die Vorstellung, daß durch hohe Dosen von peripheren Hormonen die Regionen im Hypothalamus, von denen die Regulation ausgeht, beeinflußt, d.h. geschädigt werden müssen.

Dies sind nur die wesentlichsten Methoden. Beachtet man, daß ein Hypothalamuszentrum Nervenimpulse empfängt, die releasing-Faktoren zur Eminentia mediana schickt und dort die Abgabe mitveranlaßt, so wird klar, daß die angegebenen Methoden unter Umständen keine Klarheit bringen können. Wird die Faserverbindung zu einer Region gestört (z.B. durch Kauterisieren oder Abtrennen), dann könnte damit auch die Abgabe der direkt nicht veränderten Region variiert werden, was zu Fehldeutungen führen würde. Reizung eines vorgeschalteten Nerven könnte entfernt die Sekretion veranlassen, was wiederum einen falschen Eindruck zur Lokalisation ergeben würde.

Mit Hilfe dieser verschiedenen Methoden sind Karten zur Lokalisation regulierender Zentren im Hypothalamus aufgestellt worden, von denen einige in Abb.34 dargestellt sind. Die Karte nach HARRIS ist eine der älteren und blieb eigentlich im wesentlichen unwidersprochen. Die Untersuchungen von MESS, MARTINI u.a. ergaben eine Verteilung, die zwar leicht von der von HARRIS abweicht, aber nur zeigt, daß die Lokalisation nicht eindeutig durchzuführen ist.

Bei Fröschen haben Untersuchungen ergeben, daß transversale Abtrennungen weit frontal bereits die releasing-Faktoren für FSH und ACTH ausschalten. Die Regulation des MSH, LH und TSH liegt weiter caudal. Am weitesten hinten finden sich die Abgabezentren für Prolaktin-hemmende Faktoren (PIF).

Welche Einflüsse regulieren nun die Zentren, die releasing-Faktoren produzieren? Aus dem bisher Erwähnten ist bereits klar, daß Stimuli von der äußeren Umgebung und vom inneren Milieu über den Hypothalamus auf die Hypophyse Einfluß gewinnen. Für jeden releasing-Faktor sind solche Reize inzwischen nachgewiesen. Niedrige Temperatur in der Umgebung bewirkt einen erhöhten Gehalt an TRF im Hypothalamus und vermehrtes TSH im Blut. Dadurch wird die Schilddrüse angeregt und über den Stoffwechsel die Körpertemperatur angehoben. Saugen von Jungtieren an der Brust der Mutter senkt den Gehalt von PIF im Hypothalamus und steigert die Prolaktin-Sekretion, wodurch wiederum die Milchdrüsen angeregt werden. Erhöhter Lichteinfluß, z.B. bei Halten von Tieren im Langtag oder im Spätwinter unter natürlichen Bedingungen, vergrößert die Konzen-

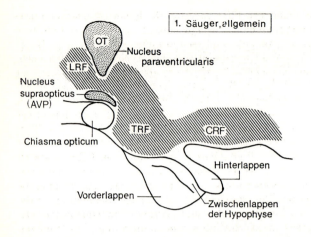

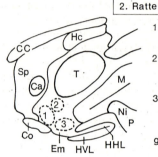

1 Suprachiasmat. Zone TRF(-), LRF

2 Paraventriculare Zone FRF, TRF, LRF(-), MRF

3 Nucl. arcuatus u. bas. Hypothalam. TRF(-), LRF

gesamter Hypothalam. CRF

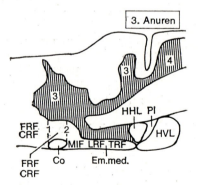

Abb. 34. Lokalisation der Zentren für releasing-Faktoren im Gehirn.
1. allgemein bei Säugern. Nach HARRIS u. a.
LRF, TRF, CRF — Zentren für die releasing-Faktoren; AVP und OT — Zentren für Arginin-Vasopressin und Oxytocin.
2. Zentren bei der Ratte. Nach MESS u. a.
Ca = Commissura anterior, CC = Corpus callosum, Co = Chiasma opticum, Em = Eminentia mediana, Hc = Hippocampuskommissur, HHL = Hypophysenhinterlappen, HVL = Hypophysenvorderlappen, M = Mammillarkörper, Ni = Nucleus interpeduncularis, P = Pons, Sp = Septum pellucidum, T = Thalamus.
1, 2, 3 und gesamter Hypothalamus — Zonen mit Angabe der hier gebildeten Faktoren, ein (—) hinter der Bezeichnung bedeutet, daß nur eine geringfügige Reaktion nach Läsion eintritt. CRF ist praktisch mit dieser Methode nicht lokalisierbar.
3. Zentren bei Anuren. Nach BARKER JØRGENSEN, ROSENKILDE, DIERICKX u. a. Vergleich von Reaktionen auf Hypophysentransplantationen mit solchen, die nach Unterbrechung der Verbindung von Hypothalamus und Hypophyse eintreten (Schnittführung 1, 2). PI — Pars intermedia (Hypophysenzwischenlappen).
Schnitt 1 verhindert Oocytenwachstum (n. BARKER JØRGENSEN) oder verhindert Oocytenwachstum nicht (n. DIERICKX), verhindert CRF-Abgabe stark
Schnitt 2 wie 1; beeinflußt Samengänge (LRF-Aktivität) nicht. Auch TRF- und MIF-Abgabe wird kaum gestört.
3,4 — 3. u. 4. Ventrikel.

tration von FRF im Hypothalamus und von FSH im Blut. Die hypothalamischen releasing-Faktoren stellen also einen empfindlichen Mechanismus dar, um Umwelteinflüsse auf die Sekretion der entsprechenden Adenohypophysenhormone zu übertragen. Es ist wenig darüber bekannt, auf welchem Weg Umwelteinflüsse den Hypothalamus erreichen. Auf jeden Fall müssen Verbindungen zwischen den verarbeitenden Zentren im Gehirn und dem Hypothalamus dafür verantwortlich sein. Bei der Besprechung der Epiphyse wurden derartige Beziehungen bereits angesprochen. Weiterhin bestehen Verbindungen zwischen dem Liquor und dem Hypothalamus, wodurch Umwelteinflüsse, wie z.B. die Salinität bei Wassertieren, dem Hypothalamus kenntlich gemacht werden können.

Wirken ungünstige Außenbedingungen ganz allgemein auf die Tiere ein, so verändert sich speziell bei höheren Wirbeltieren die Produktion und Abgabe von CRF, wodurch ACTH vermehrt ausgeschüttet wird. Dies ist die Auslösung des sogenannten Stress-Geschehens. Stressoren (= ungünstige Umwelteinflüsse) erhöhen über diese hypothalamische Reaktion den Corticosteroidspiegel im Blut. Es ist dies eine wichtige Bedingung für die Abwehr durch den Körper. Die Corticosteroide, es sind vornehmlich Glucocorticoide, vermehren das Kohlenhydratangebot im Körper. Das Tier kann durch diese Energiereserven Abwehrreaktionen ausführen. Erschöpft sich die Produktion in der Wirkstoffkette CRF — ACTH — Corticosteroide, so fällt auch die Abwehrreaktion aus. Es kommt zum Stadium der Erschöpfung, welches zum Tode führen kann.

Hormone, die von Gonaden, Schilddrüse oder Nebennieren abgegeben werden, können direkt auf die Hypophyse einwirken oder über den Hypothalamus erreichen, daß weniger (negativer feed-back) oder mehr glandotrope Hormone (positiver feed-back) gebildet werden (Abb.3 und Kap.3.1.2.). Oestradiol stimuliert z.B. direkt die Hypophyse, Prolaktin und LH abzugeben, kann aber auch den Hypothalamus derart beeinflussen, daß die Sekretion von PIF gehemmt und die von LRF gesteigert wird. Vom Thyroxin wird oft behauptet, daß es die TSH-Sekretion direkt an der Hypophyse unterdrückt und keinen Einfluß über den Hypothalamus ausübt. Es ist aber wahrscheinlich, daß der Hypothalamus in der Frühentwicklung der Amphibien — wie in Kap.3.1.2. besprochen — bei dem feed-back auf den Thyroxinspiegel auch eine wichtige Rolle spielt. Testosteron soll den FSH-Spiegel nur über den Hypothalamus, d.h. über die FRF-Abgabe verringern.

Hinzu kommt, daß Hypophysenhormone wohl in der Lage sind, ihre eigene Sekretion dadurch zu hemmen, daß sie auf den Hypothalamus einwirken (short loop feed-back). Implantiert man Gelatine-Blöckchen, die mit ACTH, FSH oder LH angereichert sind, in den Hypothalamus, dann wird die Sekretion der entsprechenden releasing-Faktoren unterbunden. Prolaktin fördert in solchen Implantaten die Sekretion von PIF (MEITES, MARTINI u.a.). Man kann die Einflüsse der Hormone auf den Hypothalamus in die beschriebenen temporären und in permanente (organisierende) Wirkungen unterteilen (MARTINI). Ein Beispiel für permanente Effekte ist die Wirkung von Testosteron auf das sich entwickelnde Gehirn. Das Muster des männlichen Sexualverhaltens und der männlichen Gonadotropin-Sekretion wird in genetischen Männchen durch den frühen Einfluß von Androgenen festgelegt.

Es erhebt sich nun die Frage nach den Rezeptoren für diese Hormone. Wahrscheinlich ist besonders die Eminentia mediana eine der Regionen, in der Rezeptoren für den negativen feed-back auf Corticosteroide, Sexualhormone, ACTH, FSH und LH sowie für den positiven feed-back auf Oestrogene und TSH enthalten sind. Die releasing-Faktoren werden indessen wohl außerhalb der Eminentia gebildet. Zerstört man Teile derselben, dann reichert sich das Hormon in den verbleibenden Teilen an. Es wird angenommen, daß die Zonen, in denen releasing-Faktoren synthetisiert werden, sich nicht mit den Gebieten überlappen, in denen die Information aufgenommen wird. Nervenverbindungen zwischen beiden Regionen sind notwendig für den feed-back. Zwei Wege können hierfür angenommen werden:

1. Rezeptorzentrum (Eminentia mediana) $\rightleftarrows$ Produktionsort

2. Rezeptorzentrum (Eminentia mediana) → Integrationszentrum
                                                  ↙   ↑
                        Produktionsort   Impulse von höheren und anderen Zentren

Im 2. Fall ist eine Abstimmung der Produktion mit anderen Einflüssen möglich. Dies zeigt sich etwa bei Untersuchungen im Froschgehirn, die von OSHIMA und GORBMAN ausgeführt wurden. Bei Ableitungen von elektrischen Entladungen aus dem Tectum opticum, dem Diencephalon und dem Telencephalon, die auf Lichtreize hin auftreten, konnte festgestellt werden, daß Behandlung der Frösche mit Oestradiol, Testosteron oder Progesteron die Amplitude dieser elektrischen Impulse verändert. Die drei Hormone haben dabei unterschiedliche Wirkungen. Dies ist zunächst Beweis dafür, daß die Hormone die Reaktion auf Reize hin beeinflussen. Andererseits läßt dies vermuten, daß Integrationszentren zwischen der hormonellen Steuerung im Organismus und der Verarbeitung äußerer Reize eingeschaltet sind.

Ein wichtiges Problem ist, wie die releasing-Faktoren auf die Hypophysenzellen wirken. Vom Hypothalamus des Hühnchens und wahrscheinlich auch von Kaulquappen ist bekannt, daß neben der CRF-Aktivität auch eine ACTH-ähnliche Aktivität auftritt. Das heißt, daß auch vom Hypothalamus her eine direkte Stimulation der Nebennierenrinde ohne Zwischenschaltung der Hypophyse möglich ist. Untersuchungen des CRF haben außerdem wahrscheinlich gemacht, daß Übereinstimmungen in der Aminosäuresequenz zwischen CRF und ACTH bestehen können. CRF könnte daher in der Adenohypophysenzelle direkt zu ACTH umgewandelt werden.

Zur Erklärung des Wirkungsmechanismus der releasing-Faktoren in den Adenohypophysenzellen können Vorstellungen von MCCANN u. a. herangezogen werden. Eine Primärreaktion der releasing-Faktoren dürfte die Depolarisation der Membran der reagierenden Zelle sein. Hierdurch erfolgt verstärkte Aufnahme von Ca-Ionen, was die Freisetzung der gespeicherten Granula zur Folge hat. Durch den Verlust der Granula oder durch eine weitere Wirkung des releasing-Faktors wird die Hormonsynthese neu angekurbelt, wodurch der Hormongehalt in den Zellen wieder ansteigt.

Inhibierende Faktoren wie PIF müßten dann hyperpolarisieren, so daß Ca-Ionen nur in die Zellen eintreten, wo PIF fehlt oder in entsprechend kleinen Mengen vorliegt.

Die Neuroendokrinologie beginnt erst, gesicherte Faktoren hierzu aufzuzeigen. Methoden müssen noch entwickelt und verbessert werden. Vieles von dem Dargelegten ist hypothetisch und wird sich vielleicht noch ändern, wenn die Untersuchungen fortschreiten.

3.2.6. Steuerung des Verhaltens

Die Steuerung physiologischer Funktionen im Organismus durch Hormone ist eng mit der Auslösung von Verhaltensweisen koordiniert. Hormonabhängig sind etwa die vielen Verhaltensäußerungen, die in Verbindung mit der Fortpflanzung zu beobachten sind. Aber auch die jahreszeitlich bedingten Wanderungen (Aufsuchen anderer Gewässer durch

Fische, Vogelzug, Insektenwanderungen) werden durch Veränderungen des Hormonspiegels ausgelöst. Schließlich nehmen Hormone auch Einfluß auf Lernprozesse, auf das Meideverhalten und besondere Verhaltensformen in der Population (sozialer Stress). Durch die vielseitige Einflußnahme, die letztlich daher rührt, daß so viele Lebensprozesse durch Hormone reguliert werden, läßt sich kein einheitliches Bild von der Steuerung von Verhaltensabläufen durch Hormone entwickeln.

Für **Wirbellose**, z. B. für Insekten, bei denen eine große Zahl von Verhaltensweisen beobachtbar sind, ist ein Hormoneinfluß auf das Verhalten nachgewiesen. Hormone der Corpora allata adulter Heuschrecken, die die Gonaden regulieren, stimulieren auch das bei den weiblichen Tieren beobachtbare Fortpflanzungsverhalten, die Bereitschaft zur Kopulation, in manchen Fällen die Lauterzeugung usw. Die cerebralen neurosekretorischen Zellen beeinflussen das Spinnen eines Kokons vor der Verpuppung bei Lepidopteren; es unterbleibt nach Kauterisieren der Zellen. Wahrscheinlich kontrollieren die neurosekretorischen Zellen des Suboesophagealganglions die tagesperiodische Aktivität bei der Schabe *Periplaneta americana*. Überhaupt folgen viele tagesperiodische Rhythmen bei Insekten dem Aktivitätswechsel im neurosekretorischen System.

Weiterhin wird das Fortpflanzungsverhalten bei Insekten stark durch Pheromone beeinflußt. Das Bombykol vom Seidenspinner, *Bombyx mori*, oder Gyptol vom Schwammspinner, *Porthetria dispar*, bewirken, daß männliche Tiere schon durch eine Konzentration von 10^{-12} µg angelockt werden. Weibliche Schaben sezernieren Anlockungsstoffe, deren Synthese wahrscheinlich ebenfalls Hormonsysteme, vor allem die Corpora allata, steuern. Daraus ergibt sich die Abhängigkeit der Pheromonproduktion von einer bestimmten Aktivitätsphase dieser innersekretorischen Drüsen. Ist die Eireife noch nicht weit genug fortgeschritten, dann erfolgt keine Stimulation zur Pheromonbildung und keine Anlockung des Partners.

Bei *Pycnoscelus surinamensis*, bei der bisexuelle und parthenogenetische Fortpflanzung vorkommen, wird die Pheromonproduktion nur bei den bisexuellen Formen von den Corpora allata gesteuert. Nur bei solchen Insekten, bei denen reguläre Reproduktionszyklen auftreten, regulieren die Corpora allata die Produktion von Anlockungsstoffen, um die richtige Korrelation zwischen dem Eireifezyklus und den Geschlechtsvorgängen zu gewährleisten.

Zusammenfassend kann für alle Wirbellosen festgestellt werden, daß vorwiegend das Fortpflanzungsverhalten von Wirkstoffen gesteuert wird. Hierbei sind besonders die Hormone wirksam, die Wachstum und Entwicklung der Keimzellen regulieren.

Auch bei **Wirbeltieren** sind Hormone am Fortpflanzungsverhalten und bei der Brutpflege beteiligt. Solche Wirkungen sind für fast alle Gruppen, vom Nestbau der Säuger bis zum Kampfverhalten der Fische, nachgewiesen. Hier seien nur einige Beziehungen bei Fischen aufgezeigt (n. HOAR, BAGGERMAN, FIEDLER u.a.).

Das Wanderungs- und Fortpflanzungsverhalten ist bei den Formen des Stichlings, bei denen eine Wanderung vom Meer in das Süßwasser und umgekehrt erfolgt, eingehend untersucht worden. Junge unreife Stichlinge wandern in Gruppen vor der Fortpflanzung in das Süßwasser und zerstreuen sich in den Gewässern. Bei Beginn der Geschlechtsreife verändert sich das Äußere beim Männchen in charakteristischer Weise. Es baut ein Nest und umbalzt das weibliche Tier mit einem Zick-zack-Tanz. Das Weibchen laicht im Nest. Das Männchen befruchtet die Eier, bewacht das Nest und befächelt das Gelege, um die Sauerstoffversorgung zu gewährleisten.

Dieser Zyklus wird vom Lichtgenuß und der Temperatur beeinflußt (BAGGERMAN). Kurztag-Bedingungen verhindern, daß die Fische fortpflanzungsfähig werden, während

Tiere, die unter Langtag-Bedingungen (16 Std. Licht — 8 Std. Dunkelheit) gehalten werden, verlängerte Sexualperioden und verkürzte Ruheperioden aufweisen. Mit der Wanderung verbunden ist ein Wechsel in der Salinität des äußeren Mediums. Eine Änderung der Salinitätspräferenz leitet die Wanderung ein. Im Frühjahr bevorzugen die Jungfische Süßwasser. Diese Präferenz wird ausgelöst durch verstärkte Schilddrüsenaktivität, die ihrerseits mit der zunehmenden Tageslänge zu erklären ist. Die Präferenz zu Meerwasser im Herbst beruht auf Inaktivität der Thyreoidea infolge Kurztagbedingungen.

Das Territorialverhalten (z.B. Verteilung im Süßwasser) der meisten Fische beruht auf der Wirkung der Gonadotropine. Das Nestbauen beeinflussen sowohl FSH und LH als auch die Gonadenhormone direkt, während Balz, Laichen und Fächeln nur noch indirekt von den Gonadotropinen über die Produktion von Gonadenhormonen stimuliert werden (Abb. 35, n. HOAR u.a.).

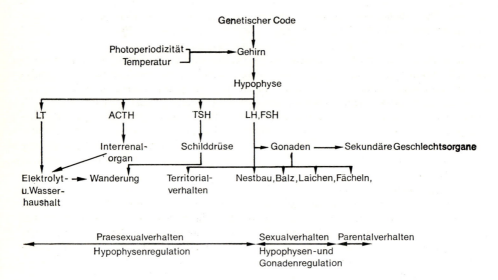

Abb. 35a. Die Abhängigkeit von Verhaltensweisen bei Fischen von Gehirn und Hypophyse. Nach HOAR u.a.

Noch bei verschiedenen Familien von Knochenfischen (z.B. Cichliden, Labriden u.a.) läßt sich beim Fortpflanzungsverhalten auf diese Weise zwischen Kampf, Nestbau, Balz, Laichen, Brüten und Brutpflege unterscheiden. Testosteron und Gonadotropine steigern das Kampfverhalten gemeinsam, wobei wahrscheinlich beide Hormongruppen direkt einwirken. Testosteron wirkt hier fördernd auf den Nestbau. Dies hängt damit zusammen, daß das Nest vom männlichen Tier gebaut wird. Gonadotropine wirken daher nur indirekt auf dieses Verhalten ein und benötigen nach Injektion eine gewisse Latenzzeit, bis die Reaktion eintritt.

Bei einigen dieser Gruppen werden Schaumnester gebaut. Für diese Bauten ist Mundschleim nötig, dessen Sekretion durch Prolaktin stimuliert wird. Prolaktin ist Auslöser für diese Verhaltensweise. Das Sexualverhalten, wie Balzen und Laichen, stimulieren dagegen nur die Gonadotropine FSH und LH. Das Brüten, das bei *Tilapia mossambica* und

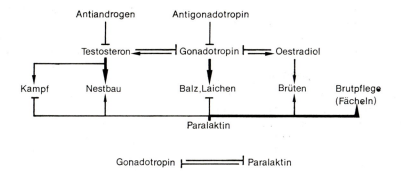

Abb. 35b. Die Abhängigkeit von Verhaltensweisen bei Fischen von Gonadotropinen und Sexualhormonen. Nach Fiedler u.a.

einigen anderen Fischen im Maul erfolgt, sowie die Brutpflege — das Befächeln der Brut — kommen durch Zusammenwirken von Sexualhormonen — beim Weibchen durch Östradiol, beim Männchen durch Testosteron — und Prolaktin zustande. Hierbei kann Prolaktin allein das Fächeln auslösen (Schematische Darstellung der Abhängigkeit: Abb. 35).
Die Analyse des Hormoneinflusses konnte bei Wirbeltieren vor allem durch die Verwendung von Antigonadotropinen (z.B. Methallibur) und Antitestosteron (Cyproteronacetat) stark gefördert werden. Diese Verbindungen verhindern die Freisetzung des Hormons oder die Wirkung am Reaktionsort durch kompetitive Hemmung. Durch Verwendung dieser Stoffe wurde die gegenseitige Beeinflussung der Hormone im Reaktionsgeschehen geklärt.
Eine besondere Form der Brutpflege findet sich bei einigen Arten der Familie der Cichliden. Hier nehmen die Jungen von der Haut der Elterntiere Schleim auf, der dort von den Schleimzellen produziert wird. Prolaktin-Injektion vermehrt die Schleimzellen und steigert die Schleimproduktion. Wahrscheinlich wird beim Füttern von Jungtieren die Schleimproduktion durch Steigerung des endogenen Prolaktins erhöht. Prolaktin hat bei Fischen also zwei wichtige Funktionen: es beeinflußt die Brutpflege (Schleimproduktion, Fächeln) und den Osmomineralhaushalt (Kap. 3.2.3.).
Die hormonale Steuerung des Vogelzuges ist trotz zahlreicher Untersuchungen nicht befriedigend geklärt. Dies beruht sicherlich darauf, daß hier eine so enge Verbindung zwischen Stoffwechsellage und Auslösung des Zugtriebes besteht, daß niemals klargestellt werden kann, ob Hormone direkt oder über Stoffwechseländerung Zugunruhe auslösen. Thyroxin und in geringem Ausmaß auch Testosteron initiieren den Vogelzug, wenn eine Zugbereitschaft vorliegt. Insulin hemmt die Zugunruhe, da es den Stoffwechsel durch Verringerung verfügbarer Glucose herabsetzt. Die Erhöhung des Körpergewichtes, d.h. die Fettspeicherung vor der Frühjahrswanderung, ist unbedingt für die Zugunruhe notwendig. Alle Hormone, die hierzu beitragen, beeinflussen also auch die Zugbereitschaft (Merkel u.a.).
Gonadenhormone ändern auch bei Vögeln und Säugern die Sexualaktivität. Untersuchungen der Wechselwirkung zwischen Gonadenhormonen und Gehirnzentren bei Rhesus-Affen führte zur Unterscheidung von empfängnisbereiten und von attraktiven weiblichen Tieren. Ein empfängnisbereites Tier bietet sich dem Männchen vermehrt zur Kopulation an. Dies ist auf die Einflußnahme von Östrogen auf den Hypothalamus

zurückzuführen. Die Empfängnisbereitschaft wird vor allem durch Östrogenimplantate in den Hypothalamus gesteigert. Möglicherweise spielt die hiermit verursachte Steigerung der LH-Abgabe die Hauptrolle. Während der Lutealphase sind Weibchen noch attraktiv, d.h. das Interesse des Männchens am Besteigen dieser Weibchen ist geringer verglichen mit demjenigen von empfängnisbereiten Weibchen. Es wird dies dem Männchen durch olfaktorische Reize bewußt (HUTCHISON, MICHAEL u.a.).

Bei Säugetieren wurde in bezug auf den Lernmechanismus festgestellt, daß Hypophysektomie Tiere daran hindert, unangenehme Reize zu vermeiden (Meideverhalten). Eine genauere Untersuchung ergab, daß ACTH eine solche Lernfähigkeit im Meideverhalten steigert und wieder nahezu auf das Niveau nicht-hypophysektomierter Tiere zurückbringt. Die Wirkung ist nicht direkt auf die Steigerung der Nebennierenrinden-Aktivität zurückzuführen. Vielmehr ergaben Versuche mit MSH und Verbindungen mit kurzen, ACTH-ähnlichen Aminosäuresequenzen, daß auch Bruchteile des ACTH-Moleküls, die das Nebennierenwachstum nicht mehr stimulieren, doch noch diese Lernfähigkeit steigern können. Das kleinste Peptid, das diese Wirkung noch hervorbringen konnte, war ein 7-Peptid folgender Struktur:

Met-Glu-His-Phe-Arg-Trp-Gly

Dieses Peptid veränderte das Nebennierengewicht bei hypophysektomierten Ratten nicht (DE WIED).

An normalen Rhesus-Affen wurde mit folgender Versuchsbedingung die hormonale Belastung auf einen Reiz hin getestet. Die Affen lernten auf ein rotes Signal hin, einen Handhebel zu bedienen, um damit einen elektrischen Schlag zu unterbinden. Während des Versuchs wurde die 17-OH-Corticosteroid-Ausschüttung im Harn erhöht. Die Nebennierenrinde gab also vermehrt Cortisol ab. Nur bei den ersten Versuchen erhöhte sich auch die Adrenalinausschüttung. Die Schilddrüsenaktivität steigerte sich bei solchen Versuchen langsam und geringfügig. Die Insulinkonzentration im Blut sank während des Experiments, wodurch erhöhte Glucosemengen im Blut zur Verfügung standen. Während der Versuchszeit überwiegen also im allgemeinen die katabolisch wirkenden Hormone (Corticosteroide, Adrenalin, Noradrenalin, STH und Thyroxin). In der Erholungsphase werden sodann die anabolisch wirkenden Hormone (Insulin, Östrogene und Androgene) ausgeschüttet (MASON u.a.).

Eine wesentliche Fragestellung moderner Untersuchungen zum Problem ,,Lernen und Wirkstoffe" liegt darin, stoffliche Veränderungen im Gehirn von Säugern nach Lernprozessen aufzufinden. Aus dem Gehirn von 4000 Ratten, die gelernt hatten, Dunkelheit zu vermeiden, wurde eine Substanz isoliert (Scotophobin). Diese Substanz ist ein 15-Peptid und muß als Informationsträger für solche Lernvorgänge angesehen werden. Auf diesem Gebiet ergibt sich eine interessante Perspektive für die Zukunft (UNGAR).

Bei Tieren, die in Gruppen zusammenleben, hängt die Rangordnung unter anderem von Hormonen ab. Gleichzeitig übt aber die hierarchische Ordnung in einer solchen Population auf die Artgenossen einen Einfluß aus, den man im allgemeinen als ,,sozialen Stress" bezeichnet. Als Folge dieses Stresses tritt wie auf jeden störenden äußeren Einfluß eine Aktivierung des ACTH-Nebennierenrindensystems auf. Dadurch wird zwar zunächst die Resistenz gegen Infektionen erhöht. Ändert sich jedoch auf Grund äußerer Umstände diese hierarchische Ordnung, dann kann die Aktivität dieses Systems unphysiologisch gesteigert werden und Erschöpfung desselben eintreten. Dies ist etwa der Fall, wenn ein ranghohes Tier in eine andere Population versetzt wird. Dort wird es sich in der Regel tiefer einordnen müssen. Starke Vermehrung einer Population erhöht ebenfalls den sozialen Stress, so daß das Abwehrsystem zusammenbricht. Die Anfälligkeit nimmt zu, die Antikörperbildung wird herabgesetzt. Hierbei trifft dieser Stress zunächst den Rangtieferen, weil dessen hormonelles System bereits am stärksten beansprucht ist. Dadurch wird eine qualitative Auslese hervorgerufen; der Tüchtigste, Ranghöchste überlebt am längsten. Gleichzeitig vermindert aber auch die Adenohypophyse die Abgabe gonadotroper Hormone wegen Überproduktion von ACTH. Das geschieht auch wieder am ausgeprägtesten bei den rangtiefen Weibchen. Es wird dadurch die Fortpflanzungstätigkeit derselben reduziert und die Überbevölkerung vermieden. Übervölkerung reguliert sich also nicht nur selbst, indem hormonell die Fortpflanzung verhindert wird, sondern fördert dabei auch direkt die Fortpflanzung und Überlebenschance der Tüchtigsten. Solche Selbstregulation ist bei Populationen von Mäusen und Ratten, bei Kaninchen, Murmeltieren u. a. nachgewiesen. Man ist weitgehend sicher, daß der bekannte Zusammenbruch der Leming-Populationen in nahezu rhythmischen Intervallen darauf zurückzuführen ist. Wird durch Beruhigungsmittel die Aggressivität und damit der soziale Stress herabgesetzt, dann läßt sich die Übervölkerung nicht verhindern (CHRISTIAN u. a.). Bei Spitzhörnchen *(Tupaia)* haben v. HOLST u. AUTRUM die soziale Belastung meßbar gemacht, indem sie das Aufrichten der Schwanzhaare auszählten. Je stärker diese Reaktion war, um so geringer war die Fortpflanzungswahrscheinlichkeit.

3.2.7. Steuerung endokriner Drüsen. Funktionsmorphologie

In diesem Kapitel sollen Angaben über die Regulation der Funktion endokriner Drüsen gemacht werden. Hierbei sind die Funktionsmorphologie der endokrinen Drüsen und die physiologischen Abläufe in den Drüsen zu besprechen.

Die Regulation der **neurosekretorischen Neurone** wurde im Kapitel 3.2.5. bereits diskutiert. Nervöse und stoffliche Einflüsse bewirken eine abgestimmte Hormonproduktion und -abgabe. Sicherlich gibt es Stimulatoren und Hemmer für die Abgabe aus dem Haemalorgan und solche für die Produktion im Zellkörper nach folgendem Schema:

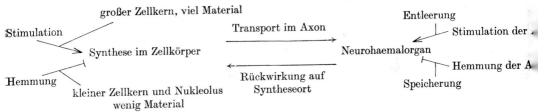

Hieraus läßt sich leicht ableiten, daß verschiedene Zustände mit histologischen Methoden festgestellt werden können:

1. Hohe Synthese- und Abgaberate (hochaktives System): großer Zellkern, veränderliche Mengen von Neurosekret in der Zelle, wenig Material im Neurohaemalorgan
2. Hormonbedürfnis kurzfristig gering: großer Zellkern, viel Material in der Zelle und im Neurohaemalorgan
3. Hemmung des gesamten Systems, längere Zeit kein Hormonbedürfnis: kleiner Zellkern, wenig Material in Zelle und Neurohaemalorgan.

Die Vorgänge in der Zelle bei Wirbellosen und Wirbeltieren gleichen sich weitgehend, soweit bisher hierzu Untersuchungen vorliegen (vgl. Abb. 36).

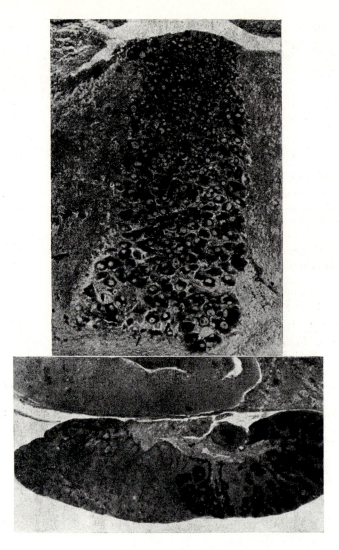

Abb. 36. Neurosekretorisches System und Hypophyse beim Aal (Gomorifärbung).
Oben: Nucleus praeopticus (Vergr. ca. 125 ×); unten: Hypophyse mit stark gefärbtem Hinterlappen (Vergr. ca. 50 ×).

Die Korrelation des histologischen Bildes mit dem tatsächlichen Hormongehalt ist ein wichtiges Problem. Untersuchungen hierzu werden in zweierlei Weise ausgeführt. Der Hormongehalt in der Neurohypophyse kann im biologischen Test ermittelt und mit dem färbbaren Neurosekret bei gleichbehandelten Tieren verglichen werden. Dabei zeigte sich, daß nicht in allen Fällen quantitativ Übereinstimmung besteht. Bei elektronenmikroskopischen Untersuchungen wurde festgestellt, daß Ausschüttung des Hormons aus der Neurohypophyse nicht bedeutet, daß auch dieses Neurohaemalorgan frei von Peptidgranula ist. Dies läßt sich vielleicht damit erklären, daß ein färbbarer, granulaartiger Eiweißträger zurückbleibt, der für den Transport der Hormone wichtig ist. Die freien Oktopeptide spalten sich von diesem Eiweißträger ab.

An den Drüsen wirbelloser Tiere, die Hormone produzieren, ist die Funktionsmorphologie bisher wenig untersucht. Die **Corpora allata** der Insekten zeigen in ihren Zellen Veränderungen von Zell- und Kerngrößen, die sich wahrscheinlich als Aktivitätsänderungen deuten lassen (PFLUGFELDER). Die Größenveränderungen erfolgen in einer charakteristischen Rhythmik innerhalb jedes Häutungsstadiums. Auch während der sexuellen Phase liegen histologische Anzeichen für Aktivität vor.

Die **Corpora cardiaca** der Orthopteren besitzen deutlich unterscheidbare drüsige und von Nervenfasern gebildete Anteile. Dies macht wahrscheinlich, daß dort Neurosekret gespeichert und abgegeben wird und auch Wirkstoffe selbst gebildet werden. Die enge Verbindung der Corpora cardiaca und allata mit dem Nervensystem und die Innervation der Organe machen es wahrscheinlich, daß die Regulation der Drüsenfunktion hauptsächlich nervös erfolgt.

Die **Adenohypophyse der Wirbeltiere** besitzt Zelltypen, die nach histologischen Unterschieden schon seit längerer Zeit in drei Gruppen ‚basophile, acidophile und chromophobe Zellen, unterteilt werden. Die Differenzierung dieser Zelltypen beruht im wesentlichen auf der Anfärbbarkeit bei multiplen Färbungen, die saure wie auch basische Farbstoffe enthalten. Am meisten wird heute die Färbung nach Cleveland-Wolfe (Trichromtechnik) oder nach Herlant (Alcianblau-PAS-Orange G) angewandt. Man versucht für alle Wirbeltiergruppen einheitliche Färbeverfahren, um die Parallelen in den Zelltypen erkennen zu können.

Basophil erscheinen bei den meisten Gruppen die TSH- und die FSH-produzierenden Zellen. Diese beiden Zelltypen bilden Hormone, die Glykoproteide darstellen. Diese chemischen Verbindungen reagieren nach Anwendung von Oxydationsmitteln stark sauer; die Zellen, in denen sie liegen, müssen also basische Farbstoffe binden. Auch LH gehört zu dieser Gruppe; die Zellen, die es bilden, sind aber nicht immer so eindeutig festzustellen. ACTH-, Prolaktin- und STH-synthetisierende Zellen dagegen sind acidophil. Sie färben sich meist rot oder gelb an, wenn die oben angegebenen Färbungen mit roten, sauren Farbstoffen und Orange G verwendet werden.

An Hand von Farbunterschieden lassen sich meist mehrere basophile und mehrere acidophile Zelltypen erkennen. Da jedoch bei jeder Tiergruppe die Zellen etwas anders reagieren, gibt es zahlreiche kontroverse Feststellungen zu den Zelltypen (PEARSE, HALMI, VAN OORDT u.a.). In einigen Fällen konnten mit immunhistochemischen Nachweismethoden Hormon und Zelltyp einander zugeordnet werden. Diese moderne Methode wird sicher in Zukunft weiter erfolgreich angewendet werden.

Auch elektronenmikroskopische Untersuchungen der Adenohypophysenzellen ergaben Unterschiede in den Granulationen und Zellbestandteilen zwischen den verschiedenen Zelltypen (FARQUHAR u.a.). Bei der Ratte besitzen STH-produzierende Zellen dichte sphärische Granula mit maximal 3500 Å Durchmesser. Die Prolaktinzellen haben dagegen irreguläre Granula von 6000—9000 Å Durchmesser. Der Durchmesser der Granula der gonadotropen Zellen ist etwa 2000 Å, der der thyreotropen nur 1500 Å. Die Angaben über die corticotropen Zellen sind noch kontrovers. Natürlich ist die Identifizierung solcher Zellen sehr schwierig. Eine Bestätigung für die gegebene Vorstellung ist darin zu finden, daß nach Homogenisieren und Gradienten-Zentrifugation die beschriebene hormonale

Aktivität tatsächlich an Granulationen der angegebenen Größen gebunden ist (HARTLEY u.a.).*)

Die chemische Beschaffenheit der Hormone und die Granulationen genügen nicht zur Identifizierung der Zelltypen. Zunächst liegen die Hormonmoleküle selbst nicht immer in diesen Zellen vor. Wenn nur geringe Mengen gespeichert werden, ist es fraglich, ob dies als wirksames Hormonmolekül geschieht. Eine Zelle verändert ihre Färbbarkeit je nachdem, ob Granulationen (= Hormon-Protein-Aggregate) in der Zelle vorhanden sind oder nicht. Aus diesen Gründen muß zur Identifikation der hormonproduzierenden Zelle die Auswirkung eines physiologischen Eingriffes oder einer physiologischen Situation untersucht werden.

Nach Kastration treten sogenannte Kastrationszellen auf. Wahrscheinlich bewirkt das Fehlen von Sexualhormonen Überproduktion von Gonadotropinen und Hypertrophie oder Hyperplasie der gonadotropen Zellen. Thyroxinbehandlung hemmt die thyreotropen Zellen. Methylthiouracil-Behandlung stimuliert die thyreotropen Zellen, da es die Synthese und Abgabe von Thyroxin verhindert. Diese Bemerkungen sollen nur kurz erläutern, auf welchem Weg eine Identifizierung der Vorderlappenzellen möglich ist.

Die Verteilung der Zelltypen in der Hypophyse des Aals, die mit den verschiedensten Färbeverfahren in Verbindung mit physiologischen Eingriffen erkannt wurde, ist in Abb.37 angegeben.

Die Feststellung verschiedener Zelltypen in der Hypophyse beantwortet die Frage nach der Entstehung der Adenohypophysenhormone in der Weise, daß jedes Hormon in einem bestimmten Zelltyp unabhängig von den anderen Hormonen gebildet wird. Leichte Zweifel an dieser Erklärung ergeben sich nur aus der chemischen (z.B. ACTH und MSH) und der funktionellen (z.B. STH und Prolaktin bei Amphibien) Ähnlichkeit der Adenohypophysenhormone. Außerdem ist ungeklärt, ob nach der Differenzierung jede Zelle irreversibel nur ein Hormon produziert oder ob Umdifferenzierung möglich ist.

Die biochemischen Vorgänge in der Adenohypophysenzelle lassen sich weitgehend aus den elektronenmikroskopischen Beobachtungen entnehmen. Da hier Proteine synthetisiert werden, ist das endoplasmatische Retikulum besonders gut ausgebildet. Die Granula entstehen am Golgi-Apparat, der bei aktivierten Zellen vergrößert erscheint. Die Granula werden im normalen Sekretionsprozeß an die Oberfläche gebracht. Wie bei vielen endokrinen Zellen spielen auch hier die Lysosomen eine wichtige Rolle. Wird die Hormonabgabe gestoppt, so verdauen die Lysosomen die restlichen Granula (Abb. 38).

Die **Pankreaszellen** bilden Eiweiße wie die Adenohypophysenzellen. Die histologische und elektronenmikroskopische Erscheinungsform der Inselzellen ist derjenigen der Adenohypophysenzellen vergleichbar. Auch hier treten Granulationen in den Zellen auf. Aus den histologischen Veränderungen der Zellen bei Erhöhung oder Erniedrigung der Blutzuckerkonzentration konnte man ableiten, daß die sogenannten α-Zellen Glucagon, die β-Zellen Insulin synthetisieren. Beide Zelltypen zeigen charakteristische Färbbarkeit. Nach Anwendung von Aldehydfuchsin erscheinen die β-Granula dunkel, blau-schwarz (Gomoripositiv), die α-Granula dagegen sind orange bis rot-braun gefärbt. Eine gute Möglichkeit, die β-Zellen zu identifizieren, ist die Färbung mit Pseudoisozyanin. Im Fluoreszenzlicht leuchten die β-Zellen dann auf.

---

*) Allerdings kann nicht unbedingt vorausgesetzt werden, daß die Granulagröße eines Zelltyps konstant ist. Vielmehr muß in der Bildungsphase mit wachsenden Granulae gerechnet werden. Hinweise hierfür liegen für die TSH-produzierenden Zellen bei *Xenopus* vor (PEHLEMANN).

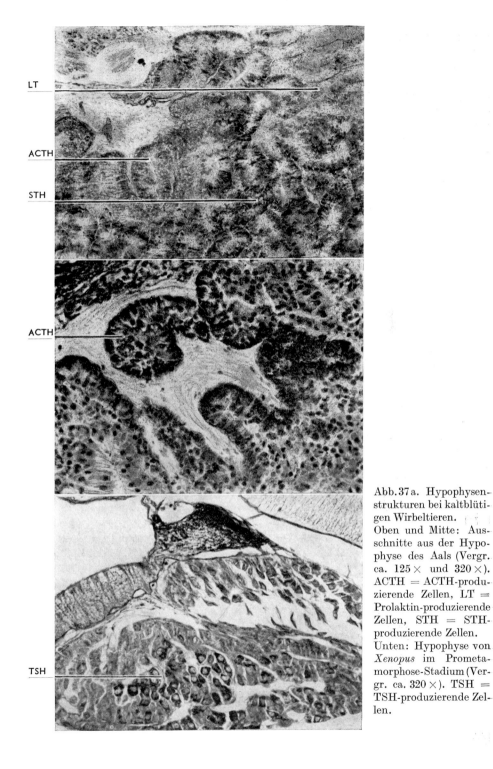

Abb. 37a. Hypophysenstrukturen bei kaltblütigen Wirbeltieren.
Oben und Mitte: Ausschnitte aus der Hypophyse des Aals (Vergr. ca. 125× und 320×). ACTH = ACTH-produzierende Zellen, LT = Prolaktin-produzierende Zellen, STH = STH-produzierende Zellen.
Unten: Hypophyse von *Xenopus* im Prometamorphose-Stadium (Vergr. ca. 320×). TSH = TSH-produzierende Zellen.

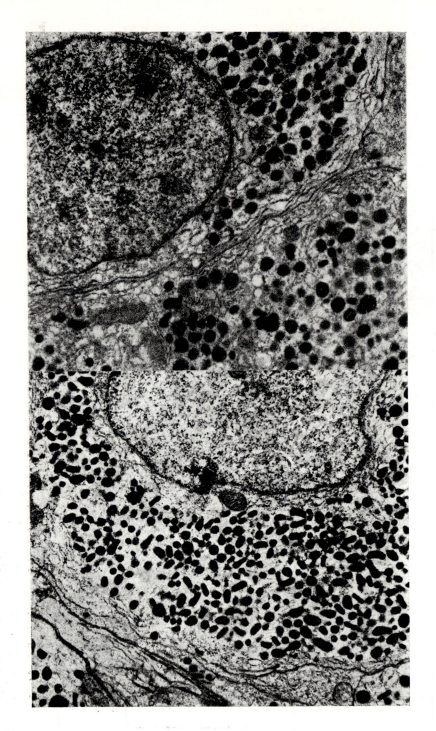

144

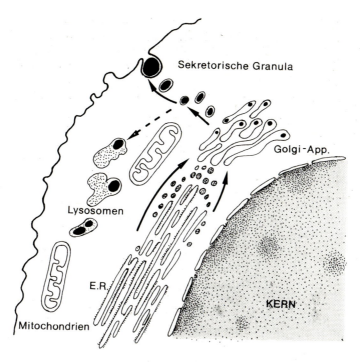

Abb. 38. Synthese- und Sekretionsmechanismus von Proteinhormonen in Hypophysenvorderlappen-Zellen. Nach FAWCETT u. a.

Nach Silber-Imprägnation wurde deutlich, daß als α-Zellen zwei Typen zu unterscheiden sind, argyrophile und nicht-argyrophile. Die argyrophilen wurden als δ-Zellen unterschieden. Weiterhin wird noch von amphiphilen Zellen gesprochen, deren Färbbarkeit nicht charakteristisch ist (HELLMANN, HELLERSTRÖM, EPPLE u. a.). Elektronenmikroskopische Untersuchungen haben ebenfalls drei unterschiedliche Granulationen in Inselzellen aufgezeigt. Hierdurch erscheint es weitgehend sicher, daß neben α-Zellen und β-Zellen mindestens noch ein dritter Zelltyp, die δ-Zellen, vorkommen können.

Aus dem Vorhandensein einer dritten Zellform wurde geschlossen, daß auch ein drittes Hormon, vielleicht ein lipotroper Faktor, in den Pankreasinseln gebildet wird. Es ist jedoch klar, daß ein drittes Pankreashormon nicht nur aus dem Auffinden einer abweichend anfärbbaren Zelle bewiesen werden kann.

(siehe Abb. Seite 144)

Abb. 37b. Ultrastruktur der TSH-produzierenden Zellen von *Xenopus*-Kaulquappen Stadium 57. Kontrollen oben und Methylthiourazil-behandelte Tiere unten. Man beachte die Granulagröße. Originale von PEHLEMANN.

Die Regelung der Granula-Abgabe und damit Hormonsekretion erfolgt bei α-Zellen und β-Zellen durch den Blutzuckerspiegel direkt. Eine nervöse Kontrolle fehlt bei den meisten Tieren. Histologisch nachweisbare Unterschiede in der Zellaktivität sind bei einigen Gruppen (z. B. bei der Amsel, EPPLE) im Jahresrhythmus nachgewiesen. Dies ist nur mit zyklischen Veränderungen der Stoffwechsellage erklärbar. Die Sekretionsaktivität der übrigen Hormonsysteme wird durch das Zentralnervensystem und die Hypophyse jahreszyklisch geändert.

Die **Schilddrüse** stellt insofern eine Besonderheit unter den endokrinen Drüsen dar, als ihr Sekretionsprodukt nicht innerhalb der Zelle gespeichert wird. Die Epithelzelle hat zweierlei Funktion. Sie schleust einerseits Jodid mit einem Pumpsystem in das Follikellumen und das Endprodukt vom Follikellumen zur Blutbahn und bildet andererseits Globuline und Enzymeiweiße, die in das Lumen sezerniert werden. Im Lumen erfolgt sodann der eigentliche Hormonaufbau. Folgende Zusammenstellung charakterisiert dies*):

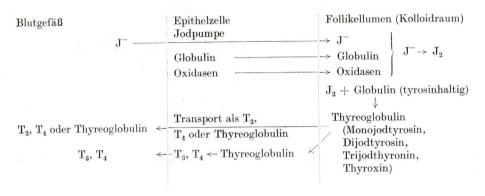

Mit histologischen Untersuchungen läßt sich die Aktivität der Drüse durch die Epithelhöhe ermitteln. Höheres Epithel bedeutet stärkere Hormonsekretion. Vakuolen im Kolloidraum sind auf die Auflösung des Kolloids und die Durchschleusung der Hormone durch die Epithelzelle zurückzuführen. Moderne Methoden für die Bestimmung der Drüsenaktivität stellen die Messungen der Verteilung radioaktiven Jods dar. Nach Injektion von radioaktivem Jod wird von aktiven Drüsen mehr und schneller Jod akkumuliert als von inaktiven.

Das Verhältnis von Schilddrüsen- zu Serumjod ist bei aktiven Drüsen höher. Allerdings hängt dies von dem Zeitpunkt der Untersuchung ab, denn eine aktive Drüse gibt selbstverständlich auch das Jod mit dem Thyroxin wieder schneller ab. Genauere Analysen sollten daher den Akkumulationsverlauf verfolgen oder im Serum das Verhältnis von anorganischem Jod (vor der Aufnahme in die Schilddrüse) und proteingebundenem Jod (Thyreoglobulin) bestimmen. Hierbei kann leicht durch additive Jodbindung an Serum-Eiweiß, wozu alle Eiweiße neigen, ein falsches Bild entstehen.

---

*) Diese Vorstellung ist insofern noch hypothetisch, als es ungeklärt ist, ob wirklich die Zusammenlagerung von Jodid und Globulin im Kolloidraum erfolgt. Möglicherweise kann auch die eigentliche Hormonbildung noch in der Zelle erfolgen. Die Ergebnisse der bisherigen Untersuchungen lassen noch kein klares Bild hierüber zu.

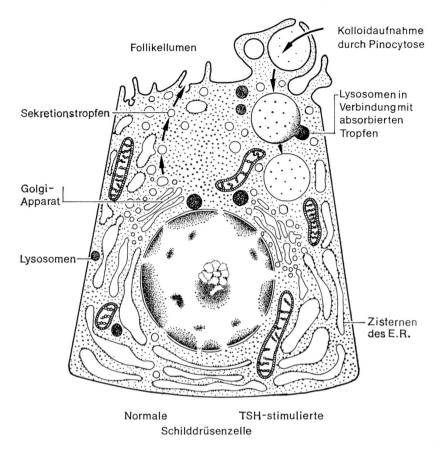

Abb. 39a. Synthese- und Sekretionsvorgänge in der Schilddrüsenzelle. Linke Hälfte normale, rechte Hälfte TSH-stimulierte Schilddrüsenzelle. Nach FAWCETT u.a.

In den Epithelzellen sind elektronenmikroskopisch die Charakteristika proteinbildender Zellen zu erkennen, ohne daß in größerem Maße Speichergranula vorkommen. Weitlumiges endoplasmatisches Retikulum, mit Ribosomen besetzt, ist kennzeichnend für Zellen, die Albumine oder Globuline synthetisieren. Das Globulin wird im endoplasmatischen Retikulum zum Golgi-Apparat transportiert und dort mit einem Kohlenhydrat versetzt. Der Golgi-Apparat der unstimulierten Zelle ist relativ klein, die Zisternen sind englumig. Vom Golgi-Apparat aus werden Sekretionstropfen in das Follikellumen abgegeben. Relativ wenig Mikrovilli begrenzen die unstimulierte Zelle zum Lumen hin.

Nach Stimulation mit TSH wird Kolloid aus dem Lumen durch Pinocytose aufgenommen. Die Lysosomen vereinigen sich teilweise mit den aufgenommenen Tropfen. Es ist hieraus zu schließen, daß die Enzyme der Lysosomen eine wichtige Aufgabe beim Durchtritt der Kolloidtropfen erfüllen. Die Degradation des Thyreoglobulins erfolgt also erst in der Epithelzelle. Das freie T_3 oder T_4 wandert dann in das Gefäßlumen. Nach dieser

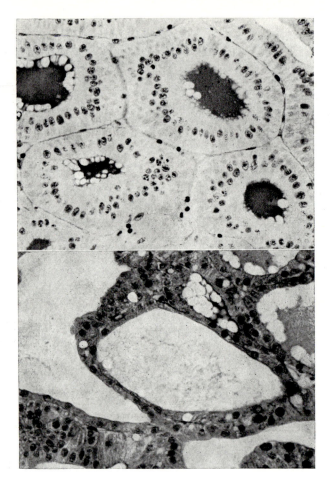

Abb.39b. Histologie der Schilddrüse von *Xenopus*-Kaulquappen. Oben: normale Kontrolldrüse, Stad.59 (Vergr. ca. 320×); unten: mit Methylthiourazil-Behandlung gehemmte Drüse, Stad. 54/55 (Vergr. ca. 320×).

Theorie spielen die Lysosomen eine Rolle beim Hormontransport in der Zelle (Abb.39; WISSIG, NADLER u.a.).

Die Prozesse von der Aufnahme des Jodids bis zur Abgabe der Schilddrüsenhormone werden durch verschiedene Faktoren beeinflußt. Genetische Veränderungen hemmen die Jodakkumulation, die organische Jodbindung und verschiedene weitere Prozesse. Daraus resultiert eine Schilddrüsenvergrößerung auf Grund verstärkter TSH-Sekretion. Diese Fehlregulationen sind natürlich erblich. Daneben gibt es aber auch eine Reihe von Pharmaka und Noxen, die den normalen Syntheseablauf stören. Solche Substanzen sind z.B. Thioharnstoff und Thiourazil, welche die organische Bindung des anorganischen Jods verhindern. Thiocyanat und Perchlorat hemmen vor allem die Jodaufnahme. Auch der Einfluß dieser Verbindungen vergrößert die Schilddrüse durch Überproduktion von TSH, da der feed-back-Mechanismus ausfällt.

Zwischen den Schilddrüsenfollikeln höherer Wirbeltiere liegen die **Parathyreoidea-Zellen**, deren Aufbau und Bedeutung im Kapitel 3.2.3. bereits erwähnt wurde. Man erkennt bei lichtmikroskopischer Untersuchung, daß die Zellen eosinophile Granula enthalten. Elektronenmikroskopische Bilder beweisen, daß die zwischen Epithelzellen liegenden Parathyreoidea-Zellen keine Verbindung zum Kolloidraum besitzen. Granula von 2000 Å erfüllen die Zellen. Degranulation erfolgt auf Erhöhung des Ca-Gehaltes im Blut. Bei Hunden wurde Degranulation auch bei Verminderung der Ca-Ionen nachgewiesen. Da Parathormon nur nach Erniedrigung des Ca-Spiegels ausgeschüttet wird, darf Degranulation nicht mit Hormonausschüttung gleichgesetzt werden.

Die Ultrastruktur der **steroidsynthetisierenden Zellen** ist ganz anders als die der proteinsynthetisierenden Zellen. Granuläres endoplasmatisches Retikulum ist nur wenig vorhanden. Dagegen erfüllt glattes endoplasmatisches Retikulum den größten Teil der Zellen. Lipoidvakuolen unterschiedlicher Elektronendichte sind vorhanden, teils umgeben von glattem ER. Der Golgi-Apparat ist meistens groß und weitlumig. Tubuläre Mitochondrien variieren in der Größe und auch in der Weite der Tubuli. Lysosomen sind auch hier mit einer gewissen Formenmannigfaltigkeit vorhanden. Sie dürften auch bei diesen Zellen eine Rolle bei der Hormonabgabe spielen (Abb. 40).

Das **Nebennierenrindengewebe** der höheren Wirbeltiere ist dem Interrenalgewebe von Fischen und Amphibien homolog. Dieses Gewebe umgibt nur bei Säugern rindenartig das Nebennierenmark. Bei niederen Formen kann es sogar vom Markgewebe getrennt liegen. Bei Selachiern findet man das Nebennierenrindengewebe in der Nähe der Niere, ebenso wie bei Amphibien. Bei Teleostiern dagegen nimmt die Venenwand der Cardinalvenen dieses Gewebe auf. Teile der Kopfniere umgeben es (Abb. 41). Bei Sauropsiden und Mammaliern bilden Rinde und Mark immer ein kompaktes Organ in der Nähe der Niere.

Histologisch kann man in der Nebennierenrinde der Säugetiere verschiedene Zellformen unterscheiden. Es gibt drei Zonen, die von außen nach innen als Zona glomerulosa, Zona fasciculata und Zona reticularis bezeichnet werden. Über ihre Funktionen ist viel geschrieben worden. Nach allgemeiner Ansicht produziert die Glomerulosa das Mineralocorticoid Aldosteron, dessen Sekretion reguliert wird durch das Renin-Angiotensin-System und den Elektrolytgehalt des Blutes.

In der Fasciculata entstehen die Glucocorticoide, vor allem das Cortisol. ACTH stimuliert die Abgabe dieses Hormons. Man erkennt die Abhängigkeit von der Hypophyse daran, daß sich die Fasciculata nach Hypophysektomie verkleinert und nach ACTH-Injektionen stark vergrößert. Dies geschieht meist auf Kosten der Glomerulosa oder Reticularis, so daß von Transformationszonen an der Grenze von Fasciculata zu den anderen Zonen gesprochen wurde (Tonutti).

Während bei Säugetieren unterschiedliche Produktionsorte und -zellen für die beiden wichtigsten Corticosteroide angenommen werden müssen, sind bei niederen Wirbeltieren keine Verschiedenheiten in den Zellen nachweisbar, die auf Produktion unterschiedlicher Hormone hindeuten. Zwar wurden im Interrenalorgan ebenfalls Zellunterschiede nachgewiesen; diese stellen aber unterschiedliche Aktivitätsstufen eines Zelltyps dar. Behandelt man Frösche mit ACTH oder hypophysektomiert man sie, dann gleichen sich die Zellen nach einiger Zeit aneinander an. Sie wirken alle nach ACTH stimuliert oder inaktiv nach Hypophysektomie. Folgende Kriterien weist ein Organ mit stimulierten Zellen auf: Vergrößerte Zellen, Kerne und Nukleolen; erhöhte Gewebebasophilie (durch höheren RNS-Gehalt), verringerten Fettgehalt in verkleinerten Fetttröpfchen, Enzymaktivierung (z. B.

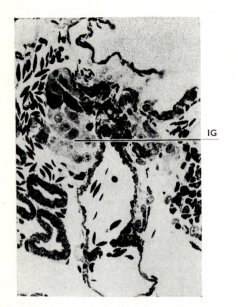

Abb. 40. Struktur des Interrenalgewebes von *Xenopus*-Kaulquappen (Prometamorphose).
Oben: Dünnschnitt-Histologie (Vergr. ca. 270 ×).
IG = Interrenalgewebe.
Unten: Ultrastruktur. Man beachte tubuläre Mitochondrien (Vergr. ca. 20000 ×). Li = Lipidtropfen, Mi = tubuläre Mitochondrien.

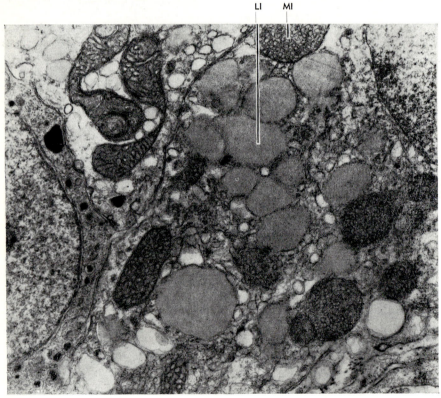

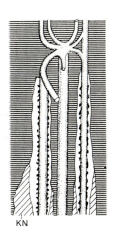
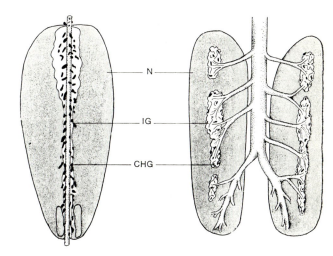

Abb. 41. Verteilung des Interrenalorgans (IG) und des chromaffinen Gewebes (CHG, schwarz) bei Teleosteern (links), bei *Xenopus* (Urodelentyp, Mitte) und bei Anuren (rechts). N = Niere. KN = Kopfniere.

Aktivierung der Steroiddehydrogenase, eines Enzyms, das bei der Biosynthese der Corticosteroide eine wichtige Rolle spielt). Außerdem sind Zellteilungen zu bemerken, die je nach Stimulationsgrad amitotischer oder mitotischer Natur sein können (Abb. 42).

Mit Hilfe dieser histologischen Kriterien konnten Aussagen über die Aktivität des Interrenalorgans bei kaltblütigen Wirbeltieren gemacht werden, von denen einige hier aufgezählt seien:

1. Säuger-ACTH stimuliert bei Fischen und Amphibien das Interrenalorgan. Es wird inaktiviert durch Hypophysektomie.
2. Jahreszeitliche Unterschiede konnten beim Frosch *(Rana temporaria)* festgestellt werden; die Aktivität steigt zum Frühjahr an, sinkt dann wieder etwas und erreicht im September erneut ein Maximum; im Dezember ist die Aktivität am niedrigsten.
3. Adaptation von Aalen von Süß- an Meerwasser stimuliert in den ersten Tagen das Interrenalorgan. Bei euryhalinen Meeresfischen, die an Süßwasser adaptiert werden, liegen ebenfalls in den ersten Tagen aktivierte Interrenalorgane vor.
4. Funktionstüchtige Interrenalorgane entwickeln sich bei Kaulquappen von Krallenfröschen etwa zum Zeitpunkt der Praemetamorphose.

Elektronenmikroskopische Untersuchungen an Interrenalzellen der Frösche im normalen, hypophysektomierten und ACTH-behandelten Zustand zeigten, daß bei diesen Zellen vor allem die Mitochondrien Veränderungen mit der Aktivität aufweisen. In inaktiven Zellen sind die Tubuli eng gepackt; sie lagern lockerer bei leichter Stimulation und wirken fast aufgelöst nach längerer ACTH-Behandlung. Elektronenlichte Fetttropfen werden nach ACTH-Einwirkung elektronendicht und von endoplastischem Retikulum umgeben. Die Menge an ER nimmt in der Zelle zu. Da von biochemischen Untersuchungen bekannt ist, daß die verschiedenen Hydroxylierungen entweder in den Mito-

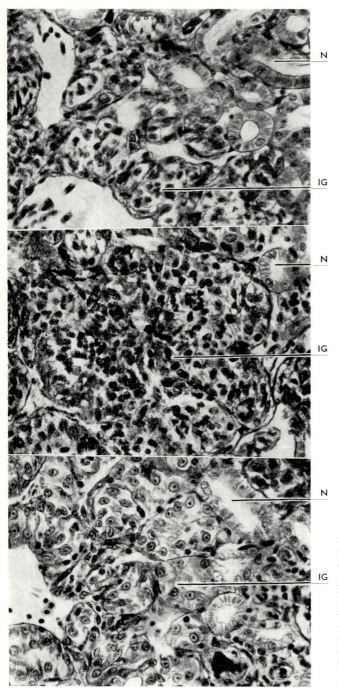

Abb. 42. Histologie des Interrenalorgans (Vergr. ca. 320 ×). a) beim Frosch *(Rana temporaria)*. IG = Interrenalorgan, N = Niere. Oben: unstimuliertes Gewebe nach Hypophysektomie des Tieres; Mitte: normales Gewebe; unten: stimuliertes Gewebe nach Behandlung mit Säuger-ACTH.

chondrien (20-, 22-, 18- und 11-Hydroxylierung) oder im ER um die Mitochondrien herum (3-, 17-, 21-Hydroxylierung) erfolgen, ergibt sich der folgende Syntheseweg, wie er auch in Abb. 43 dargestellt wurde:

Vorstufe aus Fetttropfen → in die Mitochondrien (20-, 22-Hydroxylierung) → zum ER um die Mitochondrien (3-, 17-, 21- evtl. auch 18-Hydroxylierung) → in die Mitochondrien (18-, 11-Hydroxylierung) → Abgabe über elektronendichte Fetttropfen und Beteiligung von Lysosomen.

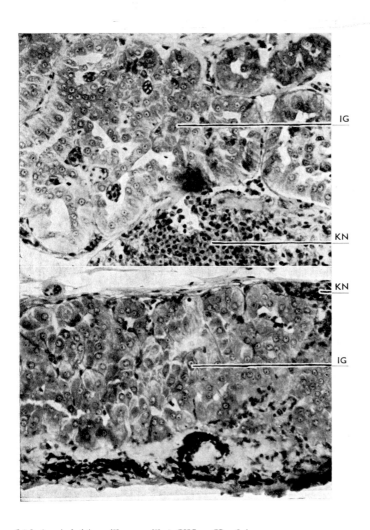

b) beim Aal *(Anguilla anguilla)*. KN = Kopfniere.
Oben: Kontrollgewebe; unten: nach kurzer Behandlung mit Säuger-ACTH (Kerne teilweise vergrößert).

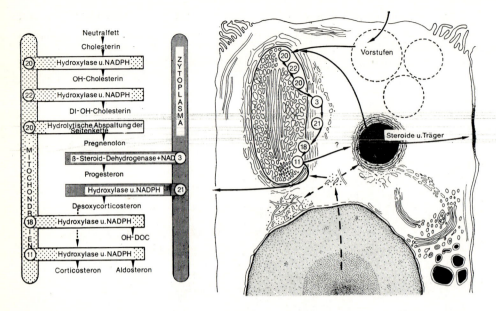

Abb. 43. Vorgänge in der steroidproduzierenden Interrenalorganzelle (rechts) und Zuordnung der biochemischen Syntheseschritte (links) bei Amphibien. Nach PEHLEMANN u. HANKE. Vorstufen werden zu den Mitochondrien gebracht, dort erfolgen die verschiedenen Hydroxylierungen. Freigabe der Hormone direkt oder über elektronendichte Vakuolen. Hierbei tritt eine Vergrößerung von Kern und Nukleolen auf, ER wird aufgebaut.

Die Produktionsorte für **Steroidhormone** in den **Gonaden** sind schon kurz erwähnt worden. Im Ovar erzeugen die Zellen der Theka interna und die interstitiellen Zellen die Oestrogene und die Corpora-lutea-Zellen die Gestagene. In all diesen Zellen ist das glatte endoplasmatische Retikulum während der Sekretionsphase gut entwickelt. Der Golgi-Apparat ist vergrößert, und Fetttropfen sind akkumuliert.

Im Hoden produzieren die interstitiellen Zellen die Steroide (Testosteron). Neben dem wohl entwickelten glatten ER, dem Golgi-Komplex und den hier sehr variablen Mitochondrien fallen in den Zellen Lysosomen und Lipofuscinpigment-Granula auf. Zur Verschiebung der Sekretionsprodukte innerhalb der Zelle läßt sich im Falle des Testosteron vermuten, daß die Umwandlung von Progesteron bis Testosteron völlig im ER stattfindet. Für die hier vorliegenden Transformationen ist kein erneutes Eindringen in die Mitochondrien notwendig wie bei den Corticosteroiden.

3.3. Stammesgeschichtliche Betrachtung der Physiologie der Wirkstoffe

In diesem Kapitel soll diskutiert werden, wie sich die Abhängigkeit eines tierischen Organismus von Wirkstoffen im Verlauf der Stammesgeschichte herausgebildet hat und welche Veränderungen das System Wirkstoff-Reaktion während der phylogenetischen Entwicklung erfährt. Wirkstoff und reagierendes Gewebe können nur dann erfolgreich zusammenarbeiten, wenn sowohl der Wirkstoff vorhanden als auch das reagierende Gewebe funktionstüchtig ausgebildet sind.

Die **Pheromone** wirken artspezifisch, so daß eine phylogenetische Betrachtung solcher Systeme höchstens herausstellen könnte, wie hoch spezialisiert hier die Wirkketten sind. Die Eigenschaften der Vitamine, die dem Organismus von außen zugeführt werden, setzen voraus, daß andere Lebewesen existieren müssen, die diese Wirkstoffe aufbauen.

Im Tierreich ist der **Vitaminbedarf** nur bei einigen Gruppen und dabei wieder nur bei einzelnen Arten bekannt. Verringerter Vitaminbedarf bei Tieren kann entweder darauf beruhen, daß das Vitamin überhaupt nicht gebraucht wird oder daß es von den Tieren selbst synthetisiert werden kann. Da alle Vitamine an zentraler Stelle im intermediären Stoffwechsel und an Membransystemen angreifen, werden von fast allen Organismen, soweit es bekannt ist, diese Wirkstoffe benötigt. Das Problem stellt sich also dahingehend, welche Vitamine synthetisiert oder nicht gebildet werden können. Die höheren, zur Photosynthese fähigen Pflanzen können fast alle bekannten Vitamine oder vitaminähnlichen Wirkstoffe aufbauen. Bei Bakterien, Hefen und Pilzen sind einige Enzyme verlorengegangen, so daß hier für diese Wirkstoffe bereits der Vitaminbegriff gilt.

Zwischen grünen Flagellaten und anderen Protozoen gibt es bereits große Unterschiede im Vitaminbedarf. Eine Anzahl von Vitaminen, wie Nikotinsäure, Pantothensäure, Pyridoxin, Riboflavin und Thiamin, sind für einzelne Protozoenarten essentiell. Schon innerhalb der Gruppe der Flagellaten gibt es Vertreter, die einzelne Vitamine oder Vorstufen derselben in der Nahrung benötigen. Das Vitamin B_1 (Thiamin, Aneurin) wird auf folgende Weise aufgebaut:

$$H_2O, NH_3, CO_2 \xrightarrow{1} \text{Vorstufe} \xrightarrow{2} \text{Pyrimidin}$$
$$+$$
$$H_2O, NH_3, CO_2, SO_4 \xrightarrow{3} \text{Vorstufe} \xrightarrow{4} \text{Thiazol}$$
$$\Bigg\} \xrightarrow{5} \text{Thiamin}$$

Fehlt eines der Enzymsysteme 1—5, dann kann Thiamin nicht mehr aufgebaut werden. Unter den Flagellaten sind Formen nachgewiesen, die alle Reaktionen 1—5 ausführen können. Sie benötigen kein Thiamin in der Nahrung. Manche können nur 3—5 synthetisieren, sie brauchen Pyrimidin; andere haben nur die Enzyme für 1, 2 und 5, müssen also Thiazol zugeführt bekommen.

Für Wirbeltiere sind die meisten Vitamine essentiell. Bei Insekten, die neben Wirbeltieren am besten untersucht sind, wurde ein Vitaminbedarf nur bei einigen Arten nachgewiesen, z.B. dürfen Biotin, B_{12}, K, Nikotinsäure, Pantothensäure, B_6, B_2 und B_1 oft nicht in der Nahrung fehlen. Da jedoch häufig auch Symbionten genügend Vitamine produzieren, ist ein exakter Nachweis, welche Vitamine gebildet werden können, nur schwer möglich.

Bei Wirbeltieren ist charakteristisch, daß die Vitamine der A- und D-Gruppe nicht mehr synthetisierbar sind. Dies gilt natürlich für den Aufbau der Provitamine. Ein eindrucksvolles Beispiel für den Verlust der Synthesefähigkeit ist Vitamin C. Die Biosynthese der l-Ascorbinsäure erfolgt bei Tieren, die die Fähigkeit hierzu nicht verloren haben, in den Lebermikrosomen auf folgende Weise:

d-Glucose → d-Glucuronsäure-1-phosphat → d-Glucuronsäurelacton → L-Gulonsäure → L-Gulonolacton $\xrightarrow{\text{L-Gulono-}\gamma\text{-lacton-Oxidase}}$ 2-Keto-L-gulonolacton → L-Ascorbinsäure.

Mensch, Affen und Meerschweinchen fehlt die L-Gulonolacton-Oxidase oder andere Enzyme dieser Kette. Dieser Wirkstoff muß daher zugeführt werden.

Phylogenetische Betrachtungen im Rahmen der Vitamine beschränken sich also auf die Untersuchung der Biosyntheseketten.

Die Erkenntnisse über die stammesgeschichtliche Entwicklung von **Hormonsystemen** sind wesentlich umfangreicher. Am hormonbildenden System lassen die Drüsenstruktur und -funktion sowie die chemische Natur der Drüsenprodukte stammesgeschichtliche Veränderungen erkennen. Am reagierenden System kann man die Ausbildung der Reaktivität, die Veränderung des reagierenden Gewebes und des zellulären Wirkungsmechanismus unterscheiden.

Bei **Wirbellosen** kann eine Evolution der neurosekretorischen Systeme, vor allem der Neurohaemalorgane, deutlich nachgewiesen werden. Es gibt hier eine Entwicklung von einfachsten Sekreträumen zwischen neurosekretorischen Zellen und Blutgefäßen bei niederen Formen (Plathelminthen) bis zu kompliziertem drüsenähnlichem Zusammenschluß der Axonendigungen vieler Zellen mit Blutgefäßen (Sinusdrüse). Die höchste Form stellt die Verbindung von Neurohaemalorgan mit endokrinen Drüsenzellen (Corpora cardiaca) dar, was der Hypophyse der Wirbeltiere weitgehend entspricht (GERSCH). Ganz allgemein ist ein phylogenetischer Trend noch darin zu sehen, daß eine Entwicklung von der alles regulierenden Neurosekretion zu einer Kombination zwischen Neurosekretion und unabhängigen Hormondrüsen besteht.

Die stammesgeschichtlichen Entwicklungslinien der Hormonsysteme bei **Wirbeltieren** sind wesentlich klarer zu erkennen.

Von den **Schilddrüsenhormonen** ist bekannt, daß sie bereits bei Wirbellosen nachweisbar sind. Bei marinen Anneliden finden sich Jod-Eiweiß-Verbindungen in der Haut und im Mundraum, die ähnlich wie Thyreoglobuline aufgebaut sind. Dies ist darauf zurückzuführen, daß Jod aus dem Meerwasser aufgenommen und an Eiweiße gebunden wird. Ähnliches vollzieht sich im Endostyl der Tunikaten, wo Jodakkumulation nachzuweisen ist. Nun ist zwar das Endostyl der morphologischen Vorläufer der Thyreoidea, was besonders deutlich bei Cyclostomen zu beobachten ist, trotzdem kann das Endostyl physiologisch nicht mit der Schilddrüse gleichgesetzt werden. Es gibt keine exakten Hinweise dafür, daß Jod-Eiweiß-Verbindungen bei Wirbellosen ähnliche Wirkungen haben wie bei Vertebraten.

Ähnliches läßt sich vom **Insulin** aussagen. Mit der immunologischen Methode (IMI) und im Bioassay (ILA) fand man Insulin bei verschiedenen Invertebraten, besonders Mollusken. Aber auch hier ist ein Einfluß des Insulins auf den Zellstoffwechsel nicht nachweisbar.

Als Vorläufer der Hypophyse wird häufig eine Ganglienmasse, bei den Tunikaten Neuraldrüse genannt, angesehen. Hierbei ist allerdings sehr zweifelhaft, ob wirklich bereits etwas physiologisch Vergleichbares vorliegt.

Diese kurzen Hinweise sollen aufzeigen, daß in einigen Fällen das Hormon oder ein hormonähnliches Produkt bereits ausgebildet ist, ehe es seine Funktion ausübt, d.h. bevor reagierendes Gewebe vorhanden ist.

Innerhalb der Wirbeltiergruppen gibt es deutliche Entwicklungsrichtungen für die verschiedenen Systeme. Die Veränderungen der Schilddrüsen- und Inselhormone im weiteren Verlauf der Phylogenese sind leicht zu überschauen. Die Schilddrüse entsteht bei den primitivsten Vertebraten, den Cyclostomen, durch Verschluß des larval vorhandenen Endostyls in der Kiemendarmgegend. Die follikuläre Struktur ist schon früh vorhanden; die Mechanismen in der Schilddrüse dürften den von höheren Tieren beschriebenen (Kap. 3.2.7.) vergleichbar sein. Bei Fischen und Amphibien liegen die Follikel noch verstreut und bilden erst bei höheren Formen ein kompaktes Organ. Bei niederen Formen wird vorwiegend T_3, bei höheren vor allem T_4 gebildet und sezerniert. Ein Funktionswandel der Hormone zeichnet sich darin ab, daß bei niederen Formen die morphogenetischen Wirkungen überwiegen (Amphibien-Metamorphose, Entwicklungsvorgänge bei Fischen) und eine Stoffwechselbeeinflussung umstritten ist. Bei höheren Wirbeltieren, vor allem bei Warmblütern, spielt dann die Stoffwechselbeeinflussung die wesentlichste Rolle. Entwicklungsreaktionen werden nur noch in Ausnahmefällen gesteuert, wie z.B. im Falle der Vogelmauser.

Die Regulation des Zellstoffwechsels durch Insulin und Glucagon scheint so fundamentale Vorgänge zu betreffen, daß es kaum verständlich wird, warum Zellen hierauf nicht reagieren. Doch periphere Zellen der verschiedenen Tiergruppen reagieren quantitativ unterschiedlich auf die Hormone, was zumindest für Insulin klar nachzuweisen ist. Niedere Wirbeltiere benötigen größere Dosen für vergleichbare Blutzuckersenkungen als höhere. Das Glucagon ist bei Cyclostomen noch nicht nachgewiesen, wahrscheinlich auch nicht vorhanden. Daher kann sich die feine Regulation des Blutzuckerangebots erst später ausgebildet haben. Das Gewebe, das die Hormone produziert, ist seiner Entstehung nach mit dem Produktionsort der Gewebehormone des Gastrointestinaltraktes verwandt. Bei gyclostomen liegen die Inselzellen noch in der Darmwand und wandern erst auf phyloCenetisch höherer Stufe in die Bauchspeicheldrüse.

Wesentlich umfangreicher sind die phylogenetischen Veränderungen bei drei anderen Systemen, die noch besprochen werden sollen: den Oktopeptiden des Hypophysenhinterlappens, den Hormonen des Interrenalsystems und schließlich dem Paralaktin (Prolaktin) des Hypophysenvorderlappens.

Bei der Besprechung der **Hinterlappenhormone** (Kap. 2.2., Tab. 5) wurde bereits auf die unterschiedliche chemische Struktur dieser Hormone hingewiesen. Betrachtet man die systematische Verteilung der wichtigsten dieser Prinzipien, so erkennt man leicht, daß das Arginin-Vasotocin (AVT) die Grundform darstellt, bei der insgesamt 3 Aminosäuren in Stellung 3, 4 und 8 verändert werden. Die Vorstellungen der modernen Molekularbiologie vermitteln Erkenntnisse darüber, wie durch Austausch einer Base im Basentriplett eine andere Aminosäure eingebaut wird. Durch solche Mutationen werden also jeweils neue Substanzen gebildet. Aus Arginin-Vasotocin sind entstanden (Abb. 44):

Bei Knorpelfischen Glumitocin (^{3}Ile, ^{4}Ser, ^{8}Gln) und ein weiteres Prinzip (^{3}Ile, ^{4}Gln, ^{8}?),

bei Knochenfischen Isotocin (^{3}Ile, ^{4}Ser, ^{8}Ile),

bei Amphibien Mesotocin (^{3}Ile, ^{4}Gln, ^{8}Ile) und Oxytocin (^{3}Ile, ^{4}Gln, ^{8}Leu),

bei Reptilien vielleicht noch Mesotocin, zusätzlich zu Oxytocin,

bei Vögeln Oxytocin,

bei Säugern Arginin-Vasopressin (^{3}Phe, ^{4}Gln, ^{8}Arg) und Oxytocin (AVT fehlt),

und bei den Schweineartigen unter den Säugern Lysin-Vasopressin (^{3}Phe, ^{4}Gln, ^{8}Lys)
  neben Oxytocin (AVT fehlt).

Die morphologische Struktur des Hinterlappens weist während der Entwicklung eine wichtige Veränderung auf, die Trennung von der Eminentia mediana. Bei niederen Vertebraten bildet der Hinterlappen mit der Eminentia mediana die Neurohypophyse. Von den Landwirbeltieren an tritt diese Trennung auf (Abb. 45).

Betrachtet man die Funktion dieser Hormone in den verschiedenen Tiergruppen, so ergibt sich eine Ausweitung der Effekte, die verhältnismäßig charakteristisch ist. Bei Knorpelfischen und Cyclostomen ist als Wirkung dieser Hormone nur die Kontraktion glatter Ovarmuskulatur bekannt. Von den Knochenfischen an verändern die Oktopeptide die Permeabilität der exkretorisch tätigen Tubuli und anderer Membransysteme, zusätzlich zur Kontraktion glatter Ovarmuskulatur. Das äußert sich bei Fischen als Diurese, bei Landwirbeltieren als Antidiurese. In jeder Gruppe sind die Hormone am wirksamsten, die auch endogen vorkommen. Von den Reptilien ab kontrahiert sich die Uterusmuskulatur auf Oktopeptide hin. Diese Wirkung spezialisiert sich bei Säugern derart, daß sie nur vom Oxytocin hervorgerufen wird. Außerdem wirken die Oktopeptide bei Reptilien, Vögeln und Säugern auf den Kreislauf. Sie senken bei Sauropsiden den Blutdruck und steigern ihn bei Säugern. Bei Säugern wird diese Steigerung nur vom Vasopressin erzielt. Die Anregung der Laktation, wieder ein spezieller Effekt des Oxytocin, kommt natürlich nur bei Säugern vor (Abb. 44). Die Zusammenstellung zeigt zwei Prinzipien: 1. Mit der stammesgeschichtlichen Entwicklung können die einzelnen Hormone neue Funktionen übernehmen. Hierbei bleiben die alten erhalten oder gehen verloren. 2. Werden mehrere Hormone gebildet, dann spezialisieren diese sich bei höheren Formen auf jeweils einen Funktionskreis.

Ebenso interessant ist die Entwicklung bei den **Corticosteroiden.** Die drei wichtigsten Corticosteroide, Aldosteron, Corticosteron und Cortisol, entstehen im Interrenalgewebe aus Cholesterol, wie es Abb. 46 darstellt. Außer dem direkten Weg zum Corticosteron gibt es zwei weitere Wege, von denen der eine Hydroxylierung am 17-C-Atom (zu Cortisol), der andere Hydroxylierung am 18-C-Atom (zu Aldosteron) voraussetzt. Die Verteilung der Corticosteroide macht deutlich, daß bei Cyclostomen, Knorpel- und Knochenfischen eine 18-Hydroxylierung anscheinend nur in wenigen Fällen möglich ist, z.B. beim Hering und einigen Salmoniden. Im übrigen entsteht Aldosteron nur bei Landwirbeltieren (Abb. 47). Bei Sauropsiden fehlt vielleicht das Cortisol. Aus der Biosynthese wird deutlich, daß die stammesgeschichtliche Verteilung der Corticosteroide mit dem Auftreten und Verschwinden der Hydroxylierungsfermente zusammenhängt.

Die Aufgaben der Corticosteroide sind zunächst zweierlei: Regulation des Osmomineralhaushaltes und der Gluconeogenese. Bei niederen Formen gibt es wahrscheinlich nur die Wirkung als Mineralocorticoid, die hier von Cortisol ausgeübt wird. Die gluconeogenetischen Effekte sind von Knochenfischen an wahrscheinlich. Wie aber bereits diskutiert wurde, ist es immer noch zweifelhaft, ob bei Amphibien die gluconeogenetischen Reaktione ebenso ablaufen wie bei Säugern, und ob überhaupt eine vergleichbare Neogenese von Kohlenhydraten erfolgt (Kap. 3.2.1.). Diese Regulation des Kohlenhydratstoffwechsels entwickelt sich also anscheinend erst bei etwas höher organisierten Gruppen. Bei allen Gruppen indessen sind Corticosteroide wichtig für die Anpassung an die Umwelt. Diese Reaktion, die in die Stress-Reaktion bei höheren Formen ausläuft, ist eng verbunden mit der Regulation des Osmomineralhaushaltes (z.B. bei Fischen) oder mit dem Kohlenhydratstoffwechsel (bei Säugern). Bei den am höchsten entwickelten Säugetieren ist wieder eine Spezialisation der Hormone eingetreten: Aldosteron ist im wesentlichen Mineralocorticoid, Cortisol Glucorticoid. Dies erinnert an die Spezialisation der Hormone des Hinterlappens.

Mit der Höherentwicklung im Wirbeltierreich tendiert die Drüsenmorphologie des Interrenalgewebes zur Konzentration und engen Vermischung mit Markgewebe (Abb. 48).

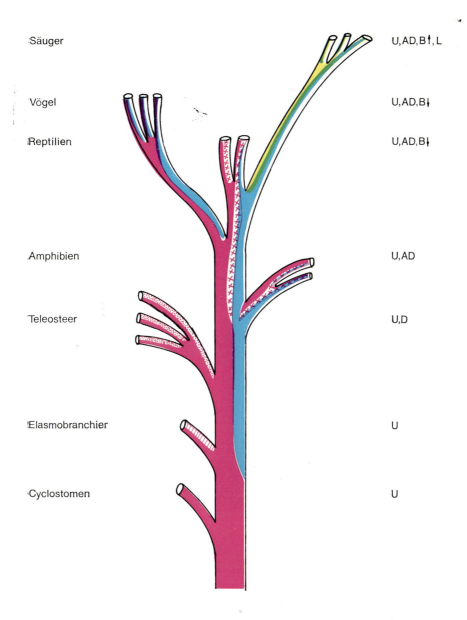

Abb. 44. Verteilung und Funktion von Oktopeptiden des Hypophysenhinterlappens bei Wirbeltieren.
AD = Antidiurese, B↑ = Blutdrucksteigerung, B↓ = Blutdrucksenkung, D = Diurese, L = Laktation, U = Uteruskontraktion oder Kontraktion glatter Muskulatur. Gelb = Arginin-Vasopressin, gelb-gestreift = Lysin-Vasopressin, rot = Arginin-Vasotocin, rot-gestreift = Glumitocin, rot-punktiert = Isotocin, rot-gekreuzt = Mesotocin, blau = Oxytocin.

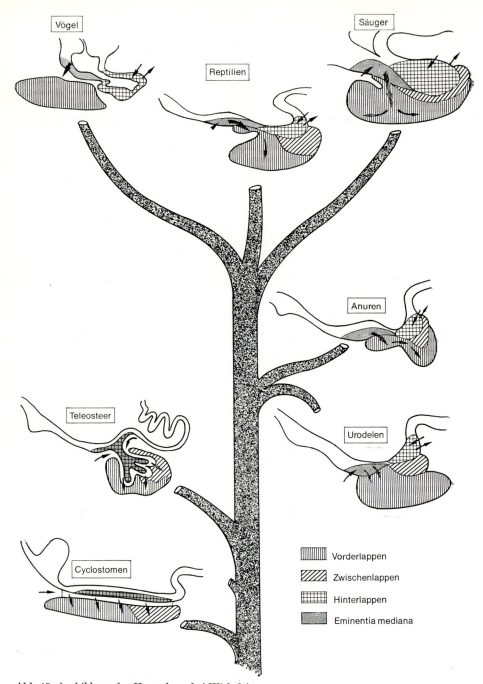

Abb. 45. Ausbildung der Hypophyse bei Wirbeltieren.
Neurohypophyse: Eminentia mediana und Hypophysenhinterlappen. Adenohypophyse: Hypophysenvorderlappen und Hypophysenzwischenlappen. Dicker Pfeil = Pfortadersystem.

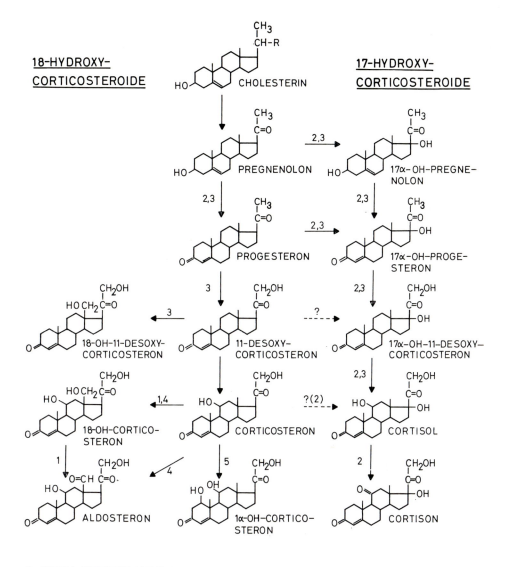

Abb. 46. Biosynthese der drei wichtigsten Corticosteroide: Aldosteron, Corticosteron und Cortisol mit Angabe, bei welchen Tiergruppen oder -arten unter den kaltblütigen Wirbeltieren die verschiedenen enzymatischen Schritte nachgewiesen sind. Nach IDLER, SANDOR, CHAN u.a.

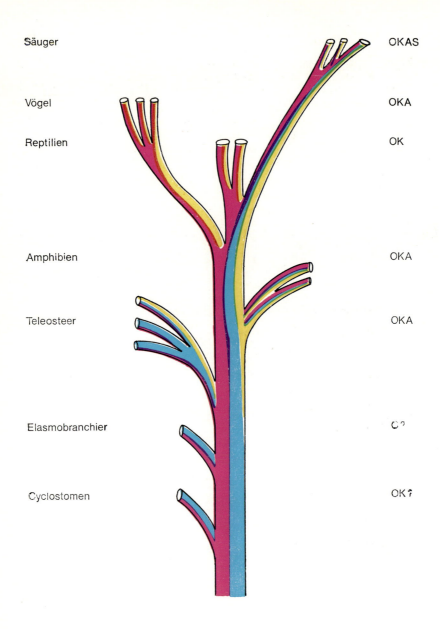

Abb. 47. Verteilung und Funktion von Corticosteroiden bei Wirbeltieren (blau — Cortisol, rot — Corticosteron, gelb — Aldosteron). Aldosteron ist inzwischen auch bei einigen Fischen nachgewiesen.
A = Adaptationsreaktionen (Anpassung an die Umwelt), K = Regulation des Kohlenhydratstoffwechsels (Gluconeogenese), O = Beeinflussung des Osmomineralhaushaltes, S = Stressreaktion.

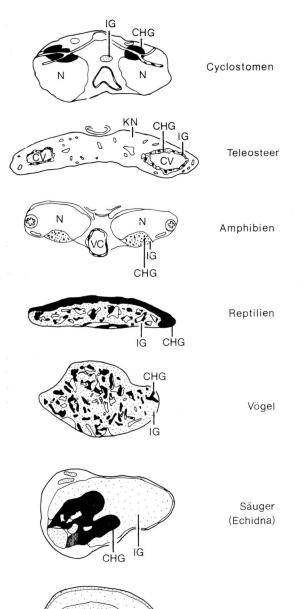

Abb. 48. Verteilung von Interrenalgewebe (IG), chromaffinem Gewebe (CHG) im Querschnitt bei verschiedenen Wirbeltierklassen. Nach CHESTER JONES u.a. N = Niere, KN = Kopfniere.

Das **Prolaktin** des Hypophysenvorderlappens hat in den verschiedenen Gruppen unterschiedliche Funktion (Kap.3.1.4.). Es wird mittlerweile allgemein akzeptiert, daß von den Knorpelfischen an dieses Hormon überall vorkommt, wobei seine Wirkung bei Knorpelfischen noch unklar ist. Die folgende Zusammenstellung soll verdeutlichen, welche Aufgaben Prolaktin bei den einzelnen Gruppen besitzt:

Gruppe	Funktion
Knochenfische	Regulation des Osmomineralhaushaltes im Süßwasser, Schleimbildung
Amphibien	Stimulation von Molchen zur Laichablage (Ablauf der sekundären Metamorphose), Wachstumswirkung
Reptilien	Wachstumswirkung, weitere spezifische Wirkungen unklar
Vögel	Anregung der Kropf-Milchproduktion
Säuger	Stimulation der Milchdrüsensekretion, luteotrope Wirkung

Wichtig ist nun, welche dieser Wirkungen von dem aus den Hypophysen der verschiedenen Gruppen isolierten Prolaktin ausgeführt werden (Abb.49). Die Stimulation der Laichabgabe bei Molchen ist eine Wirkung, die die Extrakte aus Hypophysen aller Gruppen besitzen, obwohl sie natürlich nur bei Amphibien sinnvoll ist. Das Überleben von Fischen im Süßwasser ist natürlich auch eine früh vorhandene Aufgabe des Prolaktins. Die mammotrope Wirkung und die Stimulation der Kropfmilchsekretion können schon mit Amphibien-Extrakten erzielt werden. Die luteotrope Wirkung dagegen ist anscheinend eine Aufgabe, die erst in dem Prolaktin-Molekül der Säuger verankert ist.

Hierin stecken eine Reihe von Problemen. Wieso hat ein Hormon so unterschiedliche Wirkungen bei verschiedenen Tiergruppen? Welche Konfiguration des Moleküls ist für die einzelnen Wirkungen verantwortlich? Ist die Aminosäuresequenz bei all diesen Prolaktinen gleich? Diese und andere Probleme müssen noch geklärt werden. Erst dann werden genauere Aussagen über die Evolution gemacht werden können.

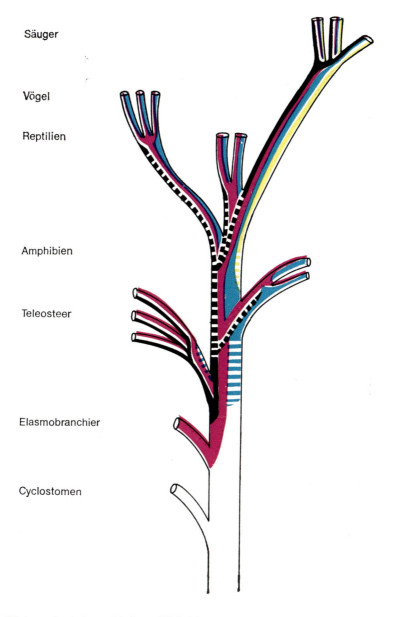

Abb. 49. Wirkung des bei verschiedenen Wirbeltiergruppen nachgewiesenen Prolaktins bei anderen Wirbeltiergruppen. Wirkung bei: Teleosteern — Süßwasser-Überleben (schwarz), Molchen — Förderung der Laichablage (rot), Vögeln — Kropfmilch-Produktion (blau), Säugern — mammotrope (blau), luteotrope (gelb). (Gestrichelte Felder bedeuten, daß hier die Reaktion nicht nachgewiesen ist.)

4. Allgemeine Wirkungsmechanismen

Es ist zur Zeit noch recht schwierig, allgemeine Mechanismen für die besprochenen Wirkstoffe in den Zellen aufzustellen. Manche wirken auf Sinneszellen (Pheromone) oder Nervenzellen (Nervengifte). Die Rezeptoreigenschaften, die hierbei im Spiele sind, können in diesem Rahmen nicht diskutiert werden. Auch die Wirkung der vielen bekannten Pharmaka in den Zsllen kann nicht Gegenstand dieser Besprechung sein. Grundsätzlich können natürlich durch Wirkstoffe alle Reaktionen der Zellen beeinflußt werden. Für Hormone sind einige Wirkungsmechanismen in den reagierenden Zellen bekannt geworden, die in diesem Kapitel stellvertretend für viele Wirkstoffe nochmals behandelt werden sollen. Der zelluläre Wirkungsmechanismus der Vitamine ist bereits im einleitenden Kapitel 2.3. dargestellt worden.

Die ersten Theorien über die Wirkung von Hormonmolekülen auf die Zellen nahmen an, daß Hormone **Fermente** aktivieren und die **Permeabilität** von Membranen verändern können. Diese Theorien wurden deshalb aufgestellt, weil Enzymveränderungen bei jeder Beeinflussung der Zelle, die die Funktion derselben wesentlich ändert, auftreten. Ebenso beruhen biologische Wirkungen von Hormonen häufig auf Verschiebungen von Wasser, Elektrolyten und Metaboliten, so daß es nahe liegt, an Permeabilitätsänderungen zu denken.

Beide Wirkungen sind sicherlich nach Hormoneinfluß an Zellen zu beobachten. Die Frage ist aber zu stellen, ob es sich hierbei um Primärwirkungen des Hormonmoleküls oder um Folgeerscheinungen eines primären Ereignisses handelt. Bei der Diskussion der primären Wirkung muß beachtet werden, wie die Gewebespezifität zu erklären ist, die bei Hormonwirkungen fast immer zu beobachten ist.

Die erhöhte Fermentaktivität kann auf zweierlei Veränderungen beruhen: auf vermehrter Produktion des Fermentes durch entsprechende Genaktivierung oder auf Aktivierung des Fermentes aus inaktiven Vorstufen mittels zyklischem AMP. Auch die Permeabilitätsänderungen an Membransystemen können auf erhöhte Proteinsynthese zurückzuführen sein, da unter Umständen „carrier"-Systeme oder Permeasen zunächst vermehrt werden.

Damit sind zwei neue Mechanismen herausgestellt worden, die beide auch die Gewebespezifität der Hormonwirkung gut erklären. Die **Genaktivierung** ist ein spezifischer Mechanismus, weil die Aktivierung eines Gens von der Entfernung gewebespezifischer Repressoren oder der Bindung des Hormonmoleküls an der DNS abhängt. Diese Reaktion ist auf die Prozesse bei der Gewebedetermination zurückzuführen. Die **Bildung des zyklischen AMP** (Hypothese vom zweiten Botenstoff) beruht auf der Bindung des Hormonmoleküls in der Zellmembran an bestimmte Rezeptoren, worauf Adenylcyclase freigesetzt wird. Diese Rezeptoren sind wiederum zellspezifisch, wodurch sich ebenfalls die Gewebespezifität der Hormonwirkung erklärt.

Experimentelle Hinweise darauf, daß Hormone die RNS-Synthese durch direkte Wirkung auf den Kern anregen, sind vor allem darin zu finden, daß nach Hormonapplikation die RNS-Synthese sehr schnell ansteigt. Das Puffing-Phänomen bei Insekten-Riesenchromosomen ist schon 15 min nach Ecdyson-Einwirkung zu beobachten. Ebenso früh steigert sich die RNS-Synthese nach Oestradiol, Cortisol, Testosteron und Aldosteron in den entsprechenden Reaktionsgeweben. Untersuchungen mit radioaktiv markierten Hormonen haben gezeigt, daß diese sehr schnell an den Kernen der Zielorgane gebunden werden. Nicht eindeutig sind die Berichte darüber, ob diese primäre Genaktivierung nur die Bildung von messenger-RNS zur Folge hat oder ob nicht vielmehr zunächst ribosomale RNS zum Aufbau des zytoplasmatischen Syntheseapparates gebildet wird. Der Anstieg der RNS-Synthese durch Hormone steht im engen Zusammenhang mit einer Stimulation der RNS-Polymerase-Aktivität. Jedoch auch die Chromatin-DNS, die als Muster aktiv ist, wird durch Hormoneinfluß vermehrt. Es dürfte eine direkte Wechselwirkung des Hormons mit einem Repressor-Molekül vorliegen, das normalerweise die RNS-Synthese durch Besetzung des Musters an der DNS hemmt. Experimente von SEKERIS, KARLSON u.a. lassen vermuten, daß z.B. Cortisol direkt die Struktur eines Kernproteins beeinflußt. Diese Wirkung tritt auch dann ein, wenn Aktinomyzin die Transkription hemmt und die eigentliche RNS-Synthese daher nicht stattfindet. Chemische und physikalische Untersuchungen der Eigenschaften der Kernproteine während der frühen Hormonwirkung müßten den Mechanismus, durch den Gene von Hormonen aktiviert werden, erkennen lassen.

Mittels Zentrifugation im Dichtegradienten gelang es GORSKI u.a. festzustellen, daß Oestrogene nach Eintritt in die Uteruszelle im Zytoplasma mit einem Protein einen großen 9,5 S-Rezeptor-Oestrogen-Komplex bilden, der in den Kern wandert. Dort entsteht eine neue Verbindung zwischen Oestrogen und einem 5 S-Protein. Der 9,5 S-Komplex könnte aus Untereinheiten bestehen, die sich abtrennen nach Eintritt in den Kern. Ob dieses Protein direkt den Repressor darstellt, ist unklar. Auch für Aldosteron machen Untersuchungen von EDELMANN u.a. klar, daß das Hormonmolekül im Kern gebunden wird. Hierauf wird m-RNS gebildet, die im Zytoplasma ein Enzym bilden hilft, das Energie für die Na-Pumpe an der Seite der Epithelzelle zur interstitiellen Flüssigkeit bereitstellt. Das mnzym E ist ein Schlüsselenzym bei der folgenden Reaktionskette:

$$\text{Substrat} + O_2 \xrightarrow{\text{E + weitere Enzyme}} CO_2 + H_2O$$
$$ADP + Pi \quad\quad ATP$$
$$\downarrow$$
$$\text{Na-Pumpe (Epithelzelle} \rightarrow \text{interstitielle Flüssigkeit)}$$

Die Frage nach dem Rezeptor im Kern für Aldosteron ist noch unbeantwortet.

Die Theorie vom zweiten Botenstoff („second messenger") geht davon aus, daß ein Hormonmolekül nach Erreichen seiner Zielzelle dort die Bildung eines zweiten Wirkstoffes fördert oder hemmt, der die Wirkung des Hormons dann vermittelt. Diese Wirkung wäre die Änderung der Enzymaktivität, der Membranpermeabilität oder anderer Prozesse (Abb.50). Als wichtigster zweiter Botenstoff wird zyklisches AMP angesehen. Möglicherweise existieren aber auch andere derartige Wirkstoffe. Die Adenylcyclase, die zyklisches AMP aus ATP entstehen läßt, ist in der Zellmembran der meisten Zellen nachgewiesen. Mg-Ionen müssen gegenwärtig sein. Phosphodiesterase, das Enzym, welches zyklisches AMP abbaut, ist ebenfalls innerhalb der meisten Zellen vorhanden. Diese Hypothese kann auf dreierlei Weise geprüft werden:

1. Physiologische Dosen von Hormonen erhöhen in vitro bei homogenisierten Zellpartikeln des Erfolgsorgans die Menge an zyklischem AMP, wenn alle Organe ausgewaschen wurden und nur ATP und Mg-Ionen zugefügt werden.

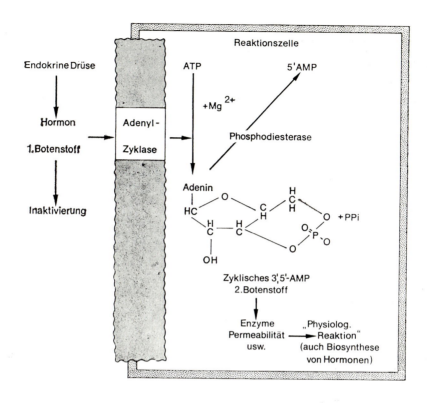

Abb. 50. Theorie vom zweiten Botenstoff (second messenger).

2. Am intakten Gewebe verändert sich die Konzentration von zyklischem AMP gewebe- und hormonspezifisch. Blocker der Hormonwirkung verhindern auch die Bildung von zyklischem AMP.

3. Wenn es gelingt, zyklisches AMP in die Zelle hineinzubringen, so bewirkt es die gleichen Effekte wie das Hormon selbst. Dies ist trotz der Permeations-Schwierigkeiten nachgewiesen an Leber-, Nebennierenrinden-, Krötenblasen-, Froschhaut- und Fettgewebezellen.

Eine beachtliche Liste von Hormonen existiert, von denen bestimmte Wirkungen die angegebenen Prüfungen bestanden haben, deren Wirkung also auf erhöhte Konzentration an zyklischem AMP zurückgeführt werden kann (n. SUTHERLAND u.a.):

Hormon	Reaktion
Catecholamine (β-Rezeption)	Phosphorylase-Aktivierung (Leber, Herz) Lipolyse (Fettgewebe) Anstieg der Gluconeogenese Uteruserschlaffung
Glucagon	Phosphorylase-Aktivierung (nur Leber) Lipolyse (Fettgewebe) Insulin-Abgabe
ACTH	Steroidbildung (Nebennierenrinde) Lipolyse (Fettgewebe)
LH	Steroidgenese (Corpus luteum, Ovar, Hoden) Lipolyse (Fettgewebe)
Vasopressin	Permeabilitätsänderungen (Krötenblase)
α-MSH	Melanindispersion (Froschhaut)
TSH	Schilddrüsenhormonproduktion Lipolyse (Fettgewebe)
Gastrin	Salzsäurebildung
Histamin	Salzsäurebildung
Parathormon	Serum-Calcium-Erhöhung

Eine besondere Stellung nimmt die Wirkung auf das Fettgewebe ein, die durch eine Reihe von Hormonen ausgeführt wird.

Eine weitere Reihe von Wirkstoffen führt Reaktionen aus, die durch ein Absinken der Konzentration von zyklischem AMP zu erklären sind:

Calcitonin	Hemmung der Calciummobilisation (Knochen)
Insulin	Hemmung der Lipolyse (Fettgewebe) Hemmung der Gluconeogenese (Leber)
Nikotinsäure	Hemmung der Lipolyse (Fettgewebe)
Prostaglandine	Hemmung der Lipolyse (Fettgewebe)
Catecholamine (α-Rezeption)	Hemmung der Insulin-Abgabe Melanin-Konzentration (Froschhaut)
Melatonin	Melanin-Konzentration (Froschhaut)

Die Funktion eines zweiten Botenstoffes stellt das Problem des Rezeptors an der Zelle in den Vordergrund. Dies ist am einsichtigsten für die Wirkung der Catecholamine aufgestellt worden. AHLQUIST klassifizierte Rezeptorstellen als α- und β-Rezeptoren auf der Grundlage ihrer Antwort auf sympathicomimetische Amine und adrenerge Blockersubstanzen. Die α-Rezeptoren sind allerdings nicht immer erregend. So wird die Erschlaffung der Darmmuskulatur z.B. durch α- und β-Rezeptoren vermittelt. Auch bei der Herzerregung sind beide Rezeptoren beteiligt. Die β-Rezeptoren sind auch nicht immer hemmend tätig, so daß Abweichungen von dem folgenden allgemeinen Schema bestehen:

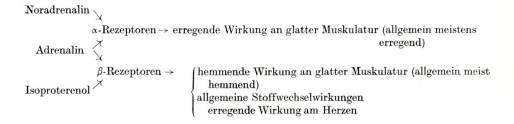

Die α-Rezeptoren werden durch Ergotamin und Pentolamin blockiert. Die β-Rezeptoren sind durch Ergotamin nicht blockierbar, sie werden aber unwirksam durch Dichlorisoproterenol und Pronethalol.

Die Effektorzellen können α- oder β-Rezeptoren oder beides besitzen. Allgemein haben jedoch die Zellen eines Organs meist Vorliebe für einen Rezeptortyp. So hat die glatte Muskulatur der Blutgefäße im Skeletmuskel hauptsächlich β-Rezeptoren. Daher verursacht Adrenalin hier Vasodilatation. Nur eine geringe Zahl von α-Rezeptoren in diesen Muskelzellen gestattet Noradrenalin, die Gefäße zusammenzuziehen.

Die Rezeptoren für die Stoffwechselwirkung und den Einfluß auf das Zentralnervensystem lassen sich nicht leicht in α- und β-Typen einordnen. Die hyperglykaemische Reaktion erinnert an die der α-Rezeptoren. Die Muskelglykogenolyse und Laktatbildung entsprechen weitgehend der β-Rezeption. Die Lipase-Aktivierung durch Adrenalin und die Erhöhung der freien Fettsäuren hängen auch mit beiden Rezeptortypen zusammen. Sowohl α- als auch β-Blocker hemmen die Reaktion.

Die Theorie vom zweiten Botenstoff und die Annahme, das Hormonmolekül reguliere die Synthese von m-RNS und damit Protein, erklären nicht die vielfältigen morphologischen Wirkungen, die zum Aufbau von Strukturen (endoplasmatisches Retikulum, Mitochondrien u.a.) in den Zellen führen. Daher ist sicherlich zusätzlich noch eine ganz allgemeine Zellaktivierung und zellteilungs-anregende Wirkung, besonders von langanhaltenden Hormoneinflüssen, anzunehmen, die nicht ohne weiteres als Folgeerscheinungen der besprochenen Primäreffekte verstanden werden können.

Literatur

Bargmann, W.: Das Zwischenhirnhypophysensystem. Berlin 1954.
Barrington, E.J.W.: An introduction to general and comparative endocrinology. Oxford 1963.
— Hormones and evolution. London 1964.
— and Barker Jørgenson, C. (editors): Perspectives in Endocrinology. New York 1968.
Bersin, T.: Biochemie der Vitamine. Frankfurt a.M. 1966.
Bullough, W.S.: Vertebrate sexual cycles. London 1951.
Carlisle, D.B., and Knowles, F.: Endocrine control in Crustaceans. Cambridge 1959.
Chester Jones, I.: The adrenal cortex. Cambridge 1957.
D'Amour, F.E., and Blood, F.R.: Manual for laboratory work in mammalian physiology. Chicago 1948.
Dill, D.B., Adolph, E.F., and Wilber, C.G. (editors): Handbook of physiology, section 4: Adaptation to the environment. American physiological society, Washington 1964.
Dorfman, R.I. (editor): Methods in hormone research. New York 1967.
Eckstein, P., and Knowles, F. (editors): Techniques in endocrine research. New York 1963.
Euler, U.S. von, and Heller, H. (editors): Comparative endocrinology, Vol. I and II. New York 1963.
Field, J., Magoun, H.W., and Hall, V.E. (editors): Handbook of physiology, section I: Neurophysiology, Vol. II. American physiological society, Washington 1960.
Fingermann, M.: The control of chromatophors. New York 1963.
Gabe, M.: Neurosecretion. International series of monographs in pure and applied biology, division of zoology, Vol. 28. New York 1966.
Gersch, M.: Vergleichende Endokrinologie der wirbellosen Tiere. Leipzig 1964.
Gorbmann, A. (editor): Comparative endocrinology. New York 1959.
— and Bern, H.A.: A textbook of general and comparative endocrinology. New York 1962.
Gray, C.H., and Bacharach, A.L. (editors): Hormones in blood. New York 1961.
Greep, R.O., and Talmage, R.V. (editors): The parathyroid. Springfield 1961.
Gual, C. (editor): Progress in endocrinology. Amsterdam 1969.
Hanke, W.: Hormone. Berlin 1969.
Harris, G.W., and Donovan, B.T. (editors): The pituitary gland, Vol. I, II and III. Berkeley 1966.
Heller, H. (editor): The neurohypophysis. London 1957.
Highnam, K.C., and Hill, L.: The comparative endocrinology of the invertebrates. London 1969.
Jenkin, P.M.: Animal hormones I, Oxford 1962.
— Animal hormones II, control of growth and metamorphosis. Oxford 1970.
Karlson, P. (editor): Mechanism of hormone action. Stuttgart 1965.
Krahl, M.E.: The action of insulin on cells. New York, 1961.
Lee, J., and Knowles, F.: Animal hormones. London 1965.
Levedahl, B.H., and Barber, A.A.: Zoethout's Laboratory experiments in physiology (6th edition). St. Louis 1963.
Meites, J.: Hypophysiotropic hormones of the hypothalamus: Assay and chemistry. Baltimore 1970.

Peter, R. E., and Gorbmann, A.: Laboratory experiments in general and comparative endocrinology. Englewood cliffs 1970.

Pickford, G. E., and Atz, J. W.: Physiology of the pituitary gland of fishes. New York 1957.

Pincus, G., Thimann, K. V., and Astwood, E. B. (editors): The hormones, Vol. I—V. New York 1948—1964.

Pitt-Rivers, R., and Trotter, W. R.: The thyroid gland. London 1964.

Rockstein, M. (editor): The physiology of insecta, Vol. I. New York 1964.

Scharrer, E., and B.: Neuroendocrinology, New York 1963.

Stutinsky, F. (editor): Neurosecretion. Berlin 1967.

Turner, C. D., and Bagnara, J.: General endocrinology (5th edition). Philadelphia 1971.

Waring, H.: Color change mechanisms of cold blooded vertebrates. New York 1963.

Watermann, T. H. (editor): The physiology of Crustacea, Vol. I and II. New York 1960.

Wigglesworth, V. B.: The physiology of insect metamorphosis. Cambridge 1954.

Wurtmann, R. J., Axelrod, J., and Kelly, D. E.: The pineal. New York 1968.

Zarrow, M. X., Yochim, J. M., and McCarthy, J. L.: Experimental endocrinology. A sourcebook of basic techniques. New York 1964.

laufende Folgen:

Fortschritte der Zoologie, Hormone (in laufender Folge).

General comparative endocrinology.

Int. Symp. über Neurosekretion.

J. Endocrinology.

Memoirs of the society for endocrinology.

Recent progress in hormone research.

Symposien der Deutschen Gesellschaft für Endokrinologie.

Register

Acetylcholin 13f., 20, 46, 101
ACTH 26f., 31, 33, 59, 66, 99, 106, 109, 131ff., 141ff., 149, 152f., 170
Actinomyzin D 71, 81, 109, 125
Adenohypophyse, s. Hypophyse
Adenylcyclase 96, 114, 121, 168f.
Adrenalin 13f., 20, 33, 47, 94, 99f., 112, 120ff., 130, 171
akzessorische Sexualorgane 78f., 82, 89
Alcianblau-PAS-Orange G 141
Aldehydfuchsin-Färbung 20, 49, 124, 142
Aldosteron 15, 18, 33, 94, 97, 108ff., 149, 154, 158, 161f., 167
p-Aminobenzoesäure 39f., 51
Aminotransferasen 98f.
AMP, zyklisches 92, 96, 114, 121, 130, 167ff.
Amphibien-Metamorphose 58ff., 66, 157
anaphylaktischer Schock 128
Androgene 33, 78, 88f., 91, 133, 138
androgene Drüse 32, 75f., 127
Andro-Induktoren 78
Aneurin s. Vitamine der B-Gruppe
Angiotensin 15, 17, 112, 149
Anolis carolinensis 122
Antidermatitis-Faktor, s. Vitamine der B-Gr.
Antidiurese 104, 110, 158
Antigonadotropine 137
antilipämischer Faktor 43f.
Antiperistaltik 101
Antitestosterone 137
α-Rezeptoren 121f., 130, 171
Ascorbinsäure, s. Vitamin C
Asterias glacialis 104
ATP 96f., 114, 120f., 168f.
atretische Follikel 79ff.
Atropin 13
Augenregeneration 49
Augenstielhormone 68f., 76, 94, 118, 122f., 125f.
α-Zellen des Pankreas 50, 96, 142

Balz 136f.
Basedowsche Krankheit = Hyperthyreose 97
Bioflavonoide 43, 45
Biotin 38, 41f., 51, 155
Blutgerinnung 18
Bombykol 34, 135
Bombyx mori 34, 93, 135

Bradykinin 15, 17
β-Rezeptoren 121f., 130, 170f.
Brockmannsche Körperchen 96
Brunstperioden 78
Brutpflege 136f.
Brutsaison 89
Bursicon 72
β-Zellen des Pankreas 95f. 142

Caerulein 17
Calcitonin 32, 114f., 170
Calliphora 72, 77f.
Calliphora-Test 53f.
Carausius morosus 116
Carbamylphosphat-Synthetase 60f.
Carcinus 76
Carnitin 43f.
Catecholamine 13, 20f., 24, 121, 124, 128f., 170
Cerura vinula 116
Chaoborus 101, 116
Chironomus tentans 69, 71
— *thummi* 69
Cholecystokinin 18ff., 102
Cholin 43f.
Cholinomimetika 48
Choriongonadotropin 78, 83
Chromalaun-Hämatoxylin-Färbung 20, 124
Chromatophoren 115ff.
Cobalamin 39, 41f.
Corpora allata 30, 52, 54ff., 77, 92f., 116, 126, 135, 141
— cardiaca 23f., 30, 52ff., 77, 92ff., 101, 104, 126, 141, 156
— lutea 79ff., 84, 86, 154
Corticosteroide 59, 65ff., 88, 94, 97ff., 128, 133, 138, 151, 158
Corticosteron 33, 94, 99, 154, 161f.
Corticotropin-releasing Faktor 29, 31, 59, 132ff.
Cortisol 33, 94, 97, 108, 138, 149, 158, 161f., 167f.
Crangon 118
Crustecdyson 30, 69
Cyptoteronacetat 137

Darmbewegung 101
Dendrocoelum lacteum 104, 128
Desoxycrustecdyson 69
diabetogenes Prinzip 69

Diapause 23, 54, 93
„Diffusionsaktivatoren" 9f., 13
Dioestrus 81
Diurese 69, 104f., 108ff., 158
Dopadecarboxylase 71
Dopamin 13f., 71, 129
„Dorsalkörper" 73
Dreissenia polymorpha 73
Duokrinin 18f.

Ecdyson 30, 50, 52ff., 69ff.
Ecdysteron 54
Eikosapentaensäure 18
Eisenia foetida 73, 103
Eiweißsynthese 9, 60ff., 69ff., 72, 81, 108, 124
Eledoisin 17, 102
Elementargranula 24
Eminentia mediana 23ff., 131ff., 158, 160
Enchytraeus 49, 124
endokrinokinetische Hormone 27
endoplasmatisches Retikulum 171
Endostyl 156f.
Entensyrinx 88
Enterocrinin 18f., 103
Epididymis 91
Epiphyse 120, 127f., 133
Epitokie 22, 51f., 73
Ergotamin 171
Erythrophoren 115, 120
Erythropoietin 10, 16, 18
Eserin 13

Farbwechsel 22f., 115ff.
farbwechselaktive Faktoren 69
Farnesol 43f., 57, 77
Federfärbung (Weberfinken) 91
Fettkörper 77, 92f., 99
Follikel 79ff.
follikel-stimulierendes-Hormon-releasing-Faktor 29, 31, 131ff.
Folsäure 39, 41f., 51
Fortpflanzungsverhalten 135f.
FSH 26f., 31, 33, 66f., 78, 82ff., 89f., 131ff., 136, 141
Fundulus heteroclitus 109

Galleria-Cuticula-Test 57
Gametogenese 72f.
Gastrin 18f., 101f., 170
gastro-intestinale Gewebehormone 96, 101
Gene 9, 60ff., 70f., 95, 108, 167
Geschlechtsdifferenzierung 78
Geschlechtsmerkmale, sek. 72, 75f., 79, 88, 91

Geschlechtsumwandlung 78f.
Gestagene 33, 154
Glucagon 32, 50f., 94, 96, 100, 157, 170
Glucocorticoide 97, 99, 108, 133, 158
Gluconeogenese 98, 170
Glukose 95f., 98f.
Glumitocin 28, 157ff.
Gomori-Färbung 20, 124
Gonadenaktivität 73, 76, 78
Gonadenentwicklung 72
Gonadenhormone 26, 66, 78, 88, 100, 136, 142
Gonadenreife 73ff.
Gonadotropine 77, 82f., 86, 133, 136, 139
Graafscher Follikel 79
Granulosa Zellen 79f.
Gravidität 79, 82, 84
Guanophoren 115, 121
Gyno-Induktoren 78
Gyptol 135

Häutung 23, 54, 66ff.
Häutungshormon s. Ecdyson
Häutungszyklus 66ff., 76
Harnstoffzyklus 59
Helix aspersa 101
Heparin 16, 18
Heteronereis 51
Histamin 16, 18, 46, 101, 128, 170
Hoden 75f., 78, 88ff.
Homo-γ-linolensäure 18
Hyalophora cecropia 55, 57
Hydra 22, 49
hyperglykaemischer Faktor 92f.
hypoglykaemischer Schock 95
Hypophyse 24f., 83f., 86, 91, 119, 130f., 133, 138, 141, 143f., 145, 160
—, Vorderlappen 25, 130, 138, 141, 160, 164
—, Zwischenlappen 24f., 130, 138, 160
—, Hinterlappen 25, 66, 108, 129f., 157f., 160
Hypostom 49
Hypothalamo-Hypophysensystem 23f., 106, 128f., 132, 140
Hypothalamus 20, 24, 50f., 64, 83f., 86, 108, 119, 126, 128, 130ff., 137

Inosite 43, 45
Insektenhäutung 71
Insektizide 58
Inselsystem 66, 96
Insulin 32, 94ff., 99f., 102, 137f., 142, 156f., 170
Interrenalsystem 106, 150ff., 157f., 163
Intersexualität 79
interstitielles Gewebe 79, 89ff., 154

Iridophoren 120, 122
Irispigment 122
Isotocin 28, 108, 112, 157ff.

Jodpumpe 146
Juvenilhormon-Neotenin 30, 52, 54ff., 70, 77, 93
juxtaglomerulärer Apparat 18, 112

Kallidin 15, 17
Kallikrein 17
Kammwachstum 91
Kampfverhalten 136
Kastendifferenzierung 36
Kastrationszellen 142
Kinin 15, 17
Kininase 15, 17
Kininogen 15, 17
Kininogenase 15, 17
Königinnensubstanz 34ff.
Kohlenhydratstoffwechsel 65, 94, 98
Kropfmilchproduktion 86, 164f.

Laktation 23, 84, 86f., 100, 131, 158
Lamina ganglionaris 122
Lampyris noctiluca 76
Lernmechanismus 138
Leukophoren 115
Leydigsche Zellen s. interstitielles Gewebe
LH 26f., 31, 33, 66, 78, 82ff., 88ff., 131, 133, 136, 170
Lipase 102, 171
Lipolyse 170
Lipolysehemmer 18
Liponsäure 43f.
Lipoproteinlipase 99f.
lipotrope Faktoren 43, 99, 145
Liquor cerebrospinalis 108
Lockstoffe 12, 36, 135
Locusta 92
Lophius piscatorius 124
LT s. Prolaktin
Lumbricus terrestris 103
Luteinisierungs-Hormon-releasing-Faktor 29, 31, 132ff.
luteotrope Wirkung 164f.
Lymnaea stagnalis 73, 104
Lysergsäure (LSD) 13
Lysosomen 62, 142, 147ff., 154

mammotrope Wirkung 164f.
Melanophoren 115, 117f., 120ff.
— Hormon-hemmender Faktor 29, 31, 119, 132

Melanosomen 120f.
Melatonin 23, 120, 128, 170
Menstruation 84f.
Mesotocin 28, 157ff.
Metamorphose 51f., 56ff., 64ff.
—, sekundäre 164
— -Climax 64ff.
Metecdysis 66ff.
Metoestrus 81
Mineralocorticosteroide 97, 99, 108, 149, 158
Mitochondrien 151, 153f., 171
MSH 26, 31, 66f., 119ff., 130f., 138, 142, 170
Müllerscher Gang 79, 81
Mytilus edulis 73

NAD = Nikotinsäureamidhaltiges Coenzym 83
Na-Pumpe 168
Nasendrüse 109
Nebennierenmark 20, 163
Nebennierenrinde 26, 65f., 72, 94, 97, 100, 108, 149, 163, 170
Neotenin s. Juvenilhormon
Nereis irrorate 51
— *virens* 104
Nervus allatus 56
Nestbau 136
Neuraldrüse 156
Neuroendokrinologie 122ff.
Neurohaemalorgane 20, 24, 124, 139, 156
Neurohormon D 101
Neurohumoralismus 122f
Neurohypophyse s Hypophysenhnterlappen
Neuron, cholaminerges 20f., 25
—, cholinerges 20f., 25
—, peptiderges 20f. 25
Neurosekretion 21, 25f., 122ff., 139f.
Nierentubulus 108f.
Nikotinamid 37f., 41f.
Nikotinsäure 72, 155, 170
Noradrenalin 13f., 20, 33, 120, 128, 130, 138
Nucleus paraventricularis 20
— praeopticus 20
— supraopticus 20

Octopus 73f.
Oestradiol 85, 133f., 167
Oestrogene 33, 78f., 81ff., 85, 87f., 133, 137f., 154, 168
Oestrus 81ff., 85
Oktopeptide 25, 67, 108, 110, 126, 141, 157ff.
Ommatidium 122
Oogenese 73f., 77, 82, 93
Oozyten 51f., 75, 77, 80

177

Oozytenwachstum 51, 73f., 82
optische Drüsen 73f.
Orchestia gammarellus 75
Orconectes 94
Organon subcommissurale 126
— subfornicale 126
— vasculosum 126
Orotsäure 43, 45
Oryzias latipes 78
Osmomineralhaushalt 18, 23, 26ff., 65, 103, 106ff., 112, 158, 164
Ovar 77ff., 92f.
Ovarialzyklus 79ff., 82, 85
Oviparität 82
Ovulation 73, 78ff., 81ff.
Oxytocin 28, 88, 108, 157ff.

Palaemonetes 118
Pangamsäure 43, 45
Pankreashormone 32, 94ff., 156f.
Pankreaszellen 32, 142ff.
Pankreozymin 18ff., 102
Pantothensäure 38, 41f., 155
„paper-factor" 57f.
Parabiose-Experimente 77
Paralaktin s. Prolaktin
Parathromon 32, 114f., 170
Parathyreoidea 32, 112f., 149
Pars intermedia 119
Pellagra 72
Pelobates 79
Pericardialdrüsen 53
Pericardialzellen 101
Perinereis cultrifera 51
Periplaneta americana 34, 92, 135
peristaltische Bewegungen 101
Pheromone 11f., 27, 135, 155, 167
Phosphodiesterase 96, 168
Phoxinus 120
Phyllokinin 17
Physalaemin 17, 102
Phytol 57
Pieris 116
Pinealorgan 20, 23, 120, 127f.
Piscicola 116
Plasmakinine 10, 13, 17
Platynereis dumerilii 73
Plazenta 81, 84ff.
Pleurodeles waltlii 79
Polycelis 22, 49
Porthetria dispar = Schwammspinner 135
postovulatorische Follikel 81
Praemetamorphose 64ff.

Proecdysis 66, 68
Progesteron 33, 78ff., 84ff., 134, 154, 161
Prolaktin 26f., 31, 33, 50f., 59, 64f., 78, 83ff., 94, 109, 131ff., 137, 141f., 157, 164f.
Prolaktin-hemmender-Faktor 29, 31, 51, 131ff.
Prolaktin-releasing-Faktor 29, 31, 51
Prometamorphose 64ff.
Prostaglandine 10, 15, 18, 43, 170
Prostata 91
Prostigmin 13
Prostomium 51f.
Proteinsynthese 54
prothoracotropes Prinzip 30, 53, 68
Prothoraxdrüse 30, 52ff., 68, 72
Prothrombin 18
Pseudoisozyanin 142
Pterinosome 120
puffing-Phänomen 69ff.
Puromyzin 71, 81
Pycnoscelus surinamensis 135
Pyridoxin 39, 41, 155
Pyrrhocoris apterus 57

Quelea 88

Rachitis 114
Rana pipiens 121
— *temporaria* 90f., 120, 151f.
Refraktärperiode 83
Regeneration 49f.
Relaxin 81
releasing-Faktoren 23ff., 29, 51, 59, 126, 130ff.
Renin 15, 17f., 112, 149
Reproduktionszyklen 78
Reserpin 130
Rhodnius prolixus 55, 77, 104
Riboflavin = Vit. B_2 38, 41f., 51, 155
Ringdrüse 53
RNS 9, 59ff., 69ff., 81, 95, 98, 167f., 171
—, messenger- 9f., 59ff., 69ff., 167f., 171
—, ribosomale 9, 60ff., 71, 168

Samenblase 91
Schalenbildung 82
Schilddrüse 26, 32, 63, 66, 106, 112, 133, 136, 138, 146ff., 156
Schilddrüsenhormon s. Thyroxin
Schistocerca gregaria 77
Schreckstoffe 12
Scotophobin 138
„second messenger" 168f., 171
Sekretin 18f., 102
Serotonin 13f., 20, 46f., 94, 101, 120, 124, 128

Sertoli Zellen 89
Serumgonadotropin 82,
Sexualhormone 66, 78, 88, 100, 136, 142
Sinusdrüse 22, 24, 68, 118, 122, 125
Spermatogenese 73, 76, 89 ff.
Spermatozyten 75
Spontanovulatoren 86
Stanniuskörper 106, 109, 112, 114
Steroiddehydrogenase 151
STH = somatotropes Hormon 26, 31, 50 f., 59, 65 ff., 88, 94, 99, 106, 130, 138, 141 f.
Stichling 135
Stress 133, 135, 138, 158
Suboesophageal-Ganglion 93
Subpeduncular-Lappen 74 f.
Substanz P 15
Supraoesophageal-Ganglion 118
Sympathicomimetika 48
Synapse 13, 20, 124, 129

Tagesrhythmus 118, 135
Taubenkropf-Test 86
Tectum opticum 134
Telencephalon 134
Territorialmarkierungsstoffe 36
Testosteron 88 ff., 133 f., 136 f., 154, 167
Theca interna 79, 154
— externa 79
Theromyzon rude 73
Thiamin = Vit. B_1 155
Thioharnstoff 148
Thiouracil 148
Thorakalganglion 101
Thrombin 18
Thymosin 113
Thymusdrüse 32, 112 f.
Thyreocalcitonin 114
Thyreoglobulin 97, 146 f.
Thyreoidhormone 59
thyreotropes Hormon 26, 51, 142
Thyreotropin-releasing Faktor 29, 31, 59, 65, 131 ff.
Thyroxin 32, 50 f., 58 f., 63, 65 ff., 72, 94, 97, 128, 133, 137 f., 142, 146, 156
Tilapia mossambica 136
Trachelipus 119
Transkription 71, 95
Translation 71, 95
Trehalose 92
Trijodthyronin (T_3) 32, 59, 61 ff., 67, 94, 97, 146, 157

Tritocerebralkommissur 122
Trypsinogen 102
TSH 26 f., 31, 59, 63 ff., 67, 106, 131 f., 144, 147 ff., 170
Tupaia 139
Tyrosinstoffwechsel 71, 98

Ubichinone 43 f.
Uca 118
Überträgersubstanzen 9 f., 12 f., 20, 24, 129
Ultimobranchialkörper 32, 112 ff.
Urophyse 23, 106, 109 ff., 128 f.
Uterusschleimhaut 84 f.

Vasopressin 28, 102, 108, 157 ff., 170
Vasotocin 28, 108, 157 ff.
Ventraldrüsen 53
Villikinin 19 f., 103
Vitamine allg. 11 f., 36 ff., 100, 155
Vitamin A 11, 40 ff., 72, 155
Vitamine der B-Gruppe 11, 38 f., 41 f., 51, 72, 155
„Vitamin" C 11, 43 f., 155 f.
Vitamin D 11, 40 ff., 114 f., 155
Vitamin E 11, 40 ff.,
„Vitamin" F 11, 44
Vitamin K 11, 40 ff.
Vitaminoide 37, 43
Vitellogenese 52, 73, 76 f., 82
Viviparität 82, 84 f.
Vogelzug 137

Wachstumshormon-releasing-Faktor 29, 31, 51
Wanderungsverhalten 135
„Weismannscher Ring" 53
Wirkungsmechanismus, allgem. 167

Xanthophoren 115, 120 f.
Xenopus laevis 66 f., 79, 119 ff.
Xiphophorus 91
X-Organe 68, 118, 123

Y-Organ 30, 68 f., 123
— — -hemmendes Hormon 68

Zona fasciculata 149
— glomerulosa 18, 149
— reticularis 149
Zugunruhe 137
Zwischenhäutungsstadium 66 ff.
Zytokinine 17